采油工安全生产标准化操作丛书

中国石油人事部
中国石油勘探与生产分公司 编

安全防护用具使用 1

采油工常用劳动安全防护用品的使用

石油工业出版社

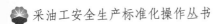

图书在版编目（CIP）数据

安全防护用具使用 / 中国石油人事部，中国石油勘探与生产分公司编 .—北京：石油工业出版社，2019.5
（采油工安全生产标准化操作丛书）
ISBN 978-7-5183-3246-5

Ⅰ. ①安…　Ⅱ. ①中…　②中…　Ⅲ. ①石油开采 – 安全设备 – 使用方法　②石油开采 – 防护设备 – 使用方法　Ⅳ. ① TE35-65

中国版本图书馆 CIP 数据核字（2019）第 049953 号

出版发行：石油工业出版社
（北京安定门外安华里 2 区 1 号楼 100011）
网　址：www.petropub.com
编辑部：（010）64523537
图书营销中心：（010）64523633
经　　销：全国新华书店
印　　刷：北京中石油彩色印刷有限责任公司

2019 年 5 月第 1 版　2019 年 5 月第 1 次印刷
880 × 1230 毫米　开本：1/64　印张：3.25
字数：60 千字

定价：45.00 元（全 3 册）
（如出现印装质量问题，我社图书营销中心负责调换）

《采油工安全生产标准化操作丛书》

编 委 会

《安全防护用具使用1
采油工常用劳动安全防护用品的使用》
编 委 会

开发单位

中国石油天然气股份有限公司勘探与生产分公司

大庆油田有限责任公司人事部（党委组织部）

大庆油田有限责任公司开发部

大庆油田有限责任公司质量安全环保部

大庆油田有限责任公司第二采油厂

大庆油田有限责任公司第四采油厂

大庆油田有限责任公司第六采油厂

大庆油田有限责任公司文化集团

大庆油田有限责任公司人才开发院

大庆油田有限责任公司大庆医学高等专科学校

合作单位

长庆油田分公司

辽河油田分公司

新疆油田分公司

大港油田分公司

华北油田分公司

石油工业出版社

FOREWORD 序

“求木之长者，必固其根本；欲流之远者，必浚其泉源。”2017年，党中央、国务院印发了《新时期产业工人队伍建设改革方案》，明确指出，产业工人是工人阶级中发挥支撑作用的主体力量，是创造社会财富的中坚力量，是创新驱动发展的骨干力量，是实施制造强国战略的有生力量。同时提出，要造就一支有理想守信念、懂技术会创新、敢担当讲奉献的宏大的产业工人队伍。这充分体现了党和国家对产业工人队伍建设的关心支持。

中国石油牢固树立以人为本、质量至上、安全第一、环保优先的理念，坚持施行标准化操作作为保证安全生产、深化精细管理、实现

企业内涵发展的重要支撑。中国石油将提升员工技能水平作为抓好产业工人队伍建设的主攻方向，把标准化操作固化成基层单位和干部职工尤其是新员工的行为准则和工作标准，牢固树立“上标准岗、干标准活”的工作意识和理念，形成人人讲安全、人人会安全、人人都安全的良好局面。

守正笃实，久久为功。提升员工技能操作水平是一项长期而艰巨的任务，完善标准是基础，加强领导是保障，优化执行是根本。这需要大家积极推广标准化操作工作，不断加强和改进操作流程与标准，不断规范与完善标准化操作，引导广大员工全面提升对标准化操作的认知度，全面提升标准化操作执行力，规范本质化安全行为，推进各项工作上水平。

中国石油人事部和中国石油勘探与生产分公司共同组织编写的《采油工安全生产标准化

操作丛书》及配套的视频课件，包含中国石油各油气田单位通用性的140个基本操作，具有开发标准高、内容全面、注重安全风险、应用范围广、培训效果突出等方面优点。相对应的视频课件利用三维动画技术，通过分解、剖切等方式展示常规不可见的设备内部结构，让员工学习起来更加直观，是一套“看得懂、学得会、易掌握”的实用教材，真正做到了将“技术有形化”，填补了中国石油安全生产操作培训课件方面的空白，为进一步提升操作员工整体素质提供有力支撑。

目前，跨国公司员工培训已经进入了“互联网+培训”的员工混合式培训阶段，以多终端应用设备为载体，展现多种资源，结合线下培训和社区化学习模式，以网络化应用进行培训评估，实现可规划路径的人才发展优化培训。这套丛书从生产实际出发，以满足需求为导向，

以促进员工养成标准化操作习惯为目标，实践性和针对性都很强。同时，大批专家的参与写作使教材的权威性有了保证。丛书配套的视频课件可以满足石油员工远程移动学习，也可以满足员工单机高清自学和集中学习。这样就形成了三位一体的员工培训模式，逐步迈入员工混合式培训阶段。希望这套丛书的出版发行，能为促进中国石油员工培训工作的深入开展，为促进员工操作技能水平的不断提升，为推动油气主业高质量发展，为实现中国石油建成世界一流综合性国际能源公司作出积极贡献。

中国石油天然气集团有限公司
总经理助理、人事部总经理 刘志华

PREFACE 前言

采油工是油田企业主体关键工种之一，在中国石油操作类员工中占比较大，采油工技能水平的高低，对油田的安全平稳生产起到至关重要的作用。为进一步提高采油工的基本素质和业务技能水平，中国石油人事部和中国石油勘探与生产分公司于 2016 年联合启动了采油工安全生产标准化操作视频培训课件开发项目，成立了课件编委会，委托大庆油田公司负责课件具体编制工作，并确定长庆、辽河、新疆、大港、华北 5 家油田公司和石油工业出版社，共同配合大庆油田做好视频培训课件编制工作。

课件开发过程中，大庆油田高度重视，按照“实际、实用、实效”的原则，专门成立了

课件开发工作领导组，组织公司人事部、开发部、安全环保部、第二采油厂、第四采油厂等9个部门和二级单位共同参与，共计抽调了100余名专家参与项目的研发设计。勘探与生产分公司加强过程监督和质量把控,针对开发方案、课件脚本、制作标准、课件样片等内容，按照不同工作节点先后组织三次大的集中审核会议，邀请中国石油各油田行业专家建言献策，为提高课件的通用性和实用性奠定坚实基础。大庆油田按照总体工作要求，历时两年，完成了视频培训课件的编制任务，并同步完成《采油工安全生产标准化操作丛书》的编写工作。本套丛书紧贴油田生产实际，以采油工岗位职责为依据，包含《安全防护用具使用》《工具、用具、量具使用》《采油工艺简介》《抽油机井标准化操作》《电动潜油泵井标准化操作》《电动螺杆泵井标准化操作》《注水井标准化操作》

《计量间标准化操作》《抽油机井生产故障分析与处理》《电动潜油泵井生产故障分析与处理》《电动螺杆泵井生产故障分析与处理》《注水井生产故障分析与处理》《计量间生产故障分析与处理》《现场应急救护》，共14种140个分册。本套丛书具有突出的实用性和规范性特点，可广泛用于新员工岗前培训、日常岗位练兵、鉴定考前培训、师徒帮带、技能竞赛等学习培训活动。

希望本套丛书能够为各石油企业提供借鉴，为今后采油工岗位培训的扎实有效开展提供有力保障。由于各油田在采油工艺、设备等方面存在差异性，书中难免有不足之处，敬请读者批评指正。

编者

2018年8月

CONTENTS 目录

项目说明

劳动安全防护用品是保护劳动者在生产过程中的人身安全与健康所必备的用品总称。对于减少职业危害起着相当重要的作用。采油工常用劳动安全防护用品有防护服、防护鞋、安全帽、护目镜、防噪声耳塞、防护口罩、安全带、防护手套，使用时应检查外观完好，无破损老化现象。

参考标准

GB 11651—1989《劳动保护用品规则》

GB 2811—2007《安全帽》

GB 6095—2009《安全带》

GB 5893.1—1986《耳塞》

GB 12014—1989《防静电工作服》

GB 12624—1990《防护手套》

GB 4385—1995《防静电鞋、导电鞋技术要求》

GB/T 17622—2008《带电作业用绝缘手套》

防护服

防护服是可协助调节体温、保护皮肤以达到防水、防火、防热辐射、防静电、防毒等功能的劳动保护用品。穿戴时应先拉紧上衣拉链，系好封领扣、衣扣，依次扣紧两侧袖扣，最后系好腰扣，并做好整理。

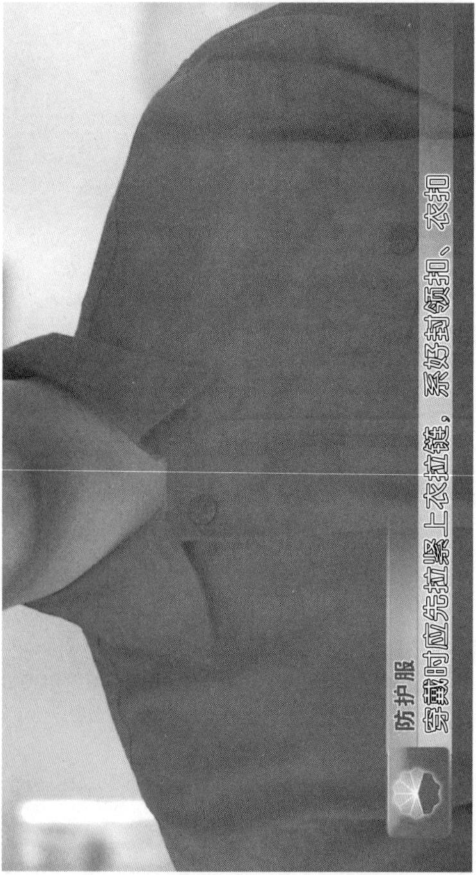
防护服
穿戴时应先拉紧上衣拉链，系好封领扣、衣扣

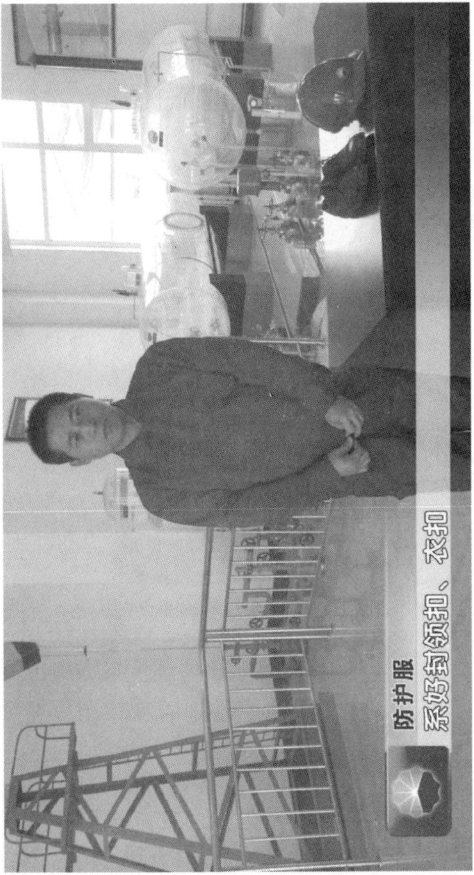
防护服
系好封领扣、衣扣

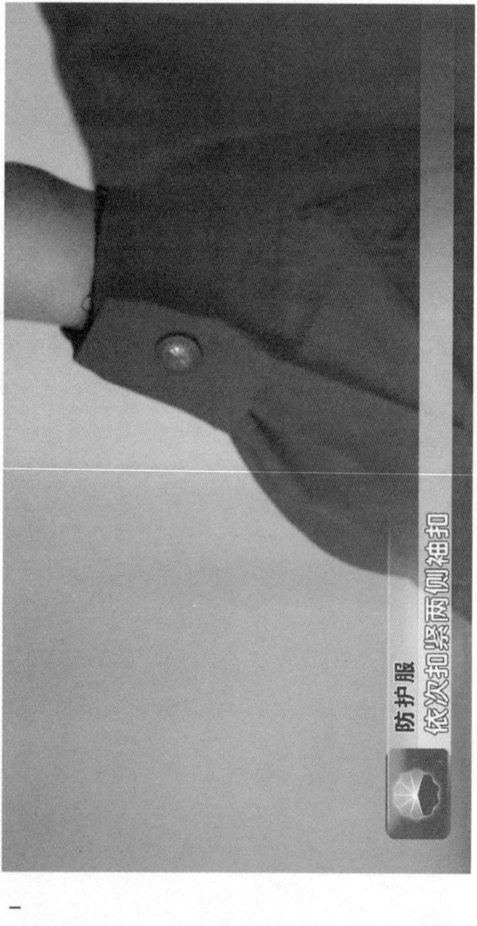
防护服
依次扣紧两侧袖扣

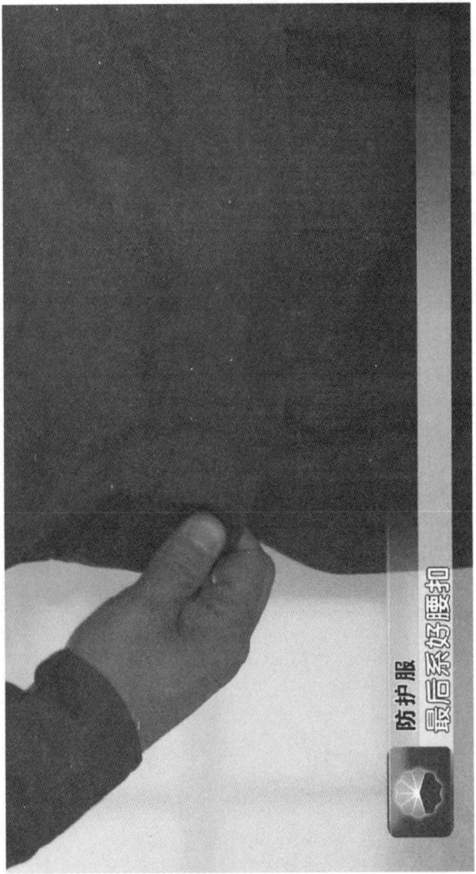
防护服
最后系好腰扣

防护服
做好整理

防护鞋

防护鞋是防止生产过程中有害物质和能量损伤劳动者足部的防护用具。穿戴前，应检查防护鞋无开胶、破损，鞋底无断裂，鞋内导电金属片完好。穿戴时，要系紧鞋带，做到松紧适度。鞋带外留部分不宜过长，防止发生羁绊事故。

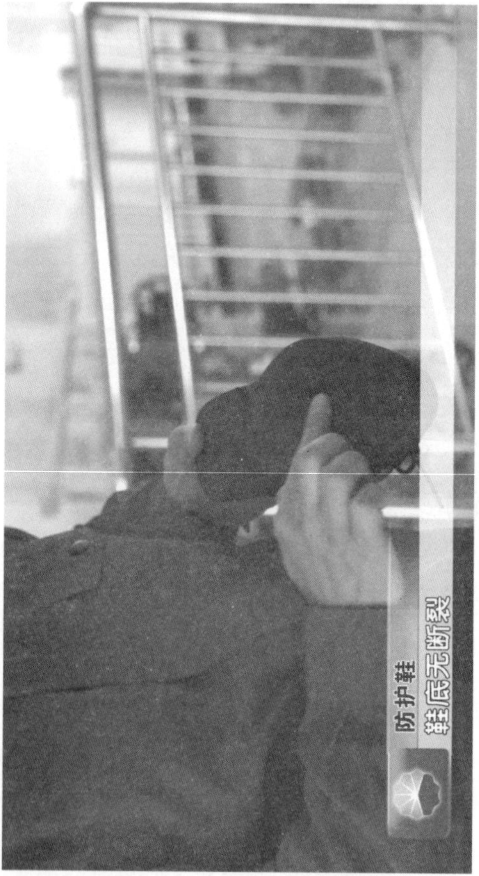
防护鞋
鞋底无断裂

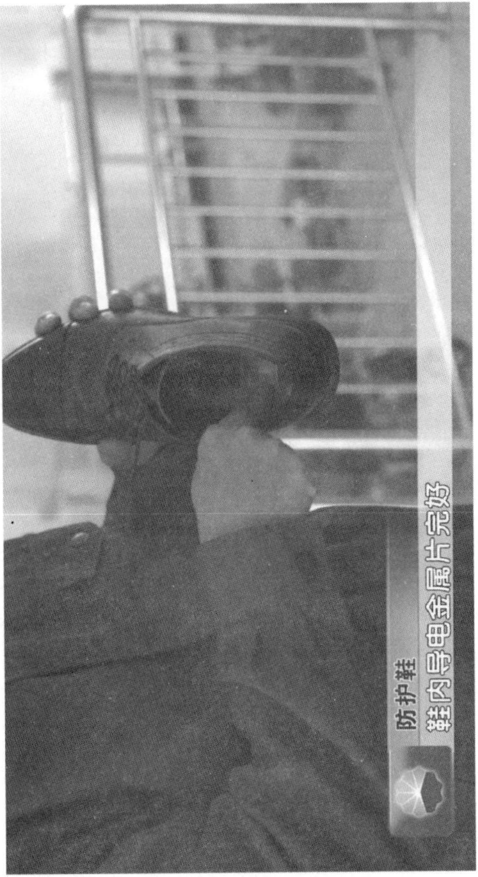
防护鞋
鞋内导电金属片完好

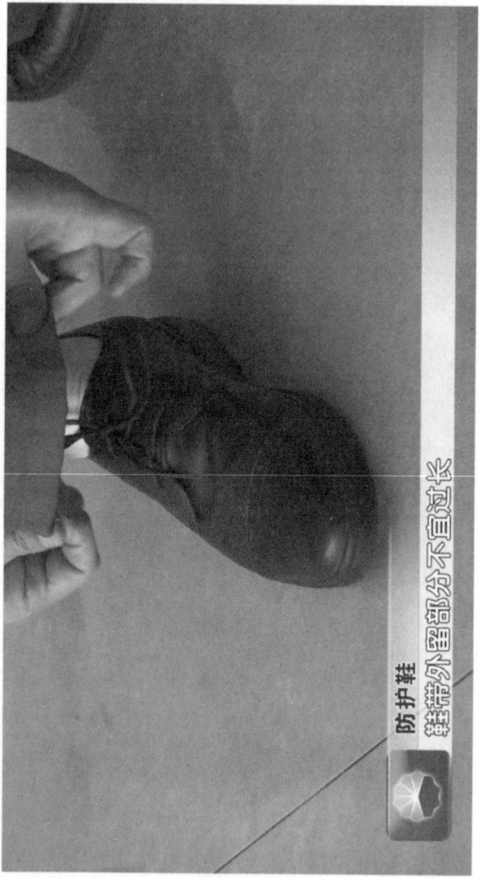
防护鞋
鞋带外留部分不宜过长

安全帽

安全帽是防止头部受坠落物及其他特定因素造成伤害的防护用品。可以防止物体打击、高空物体坠落打击、头部碰撞物体等伤害。使用前，应检查安全帽外观完好，帽檐处日期与许可证生产日期一致，并在有效期内。后箍调节器灵活好用，下颌带、卡扣完好，帽衬无损坏、松动。女士佩戴前，应将长发盘好，安全帽帽檐向前戴在头上，将后箍调节器调整到合适位置，系好下颌带，卡好卡扣，长发不得外露。

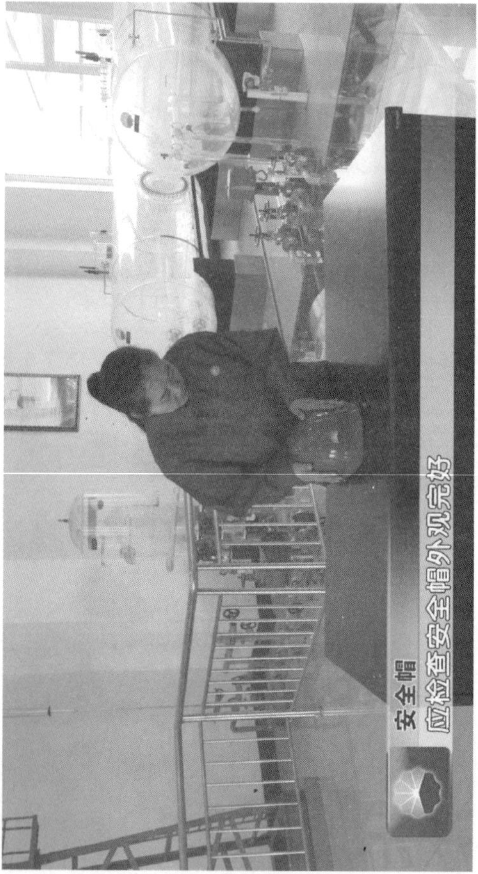
安全帽
应检查安全帽外观完好

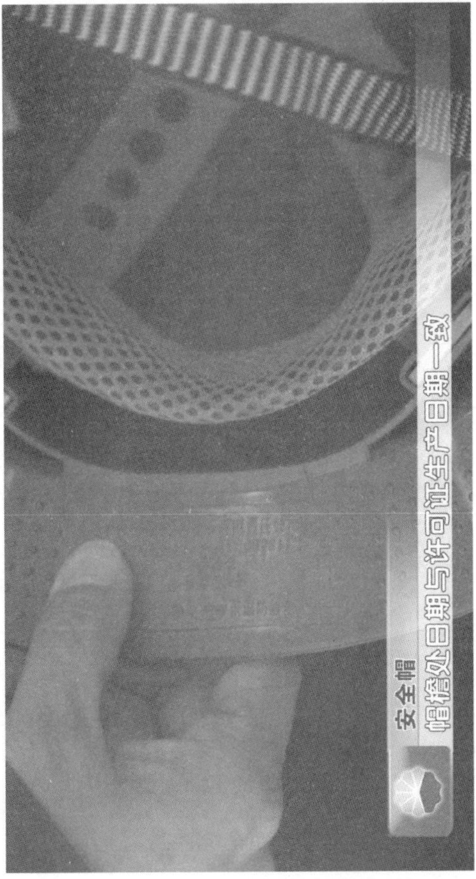
安全帽
帽檐处日期与许可证生产日期一致

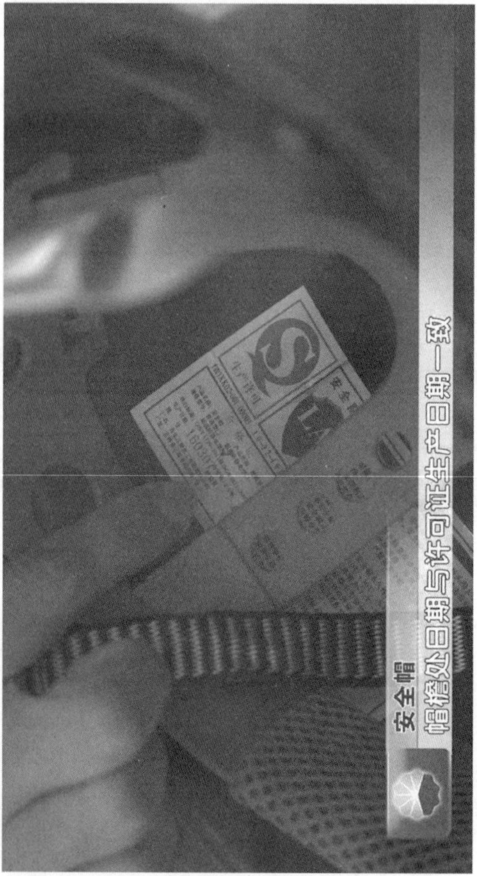
安全帽
帽檐处日期与许可证生产日期一致

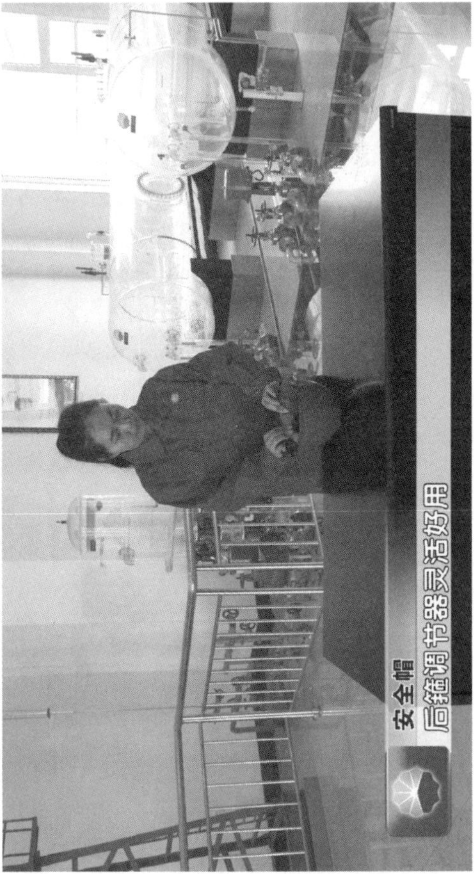
安全帽
后箍调节器灵活好用

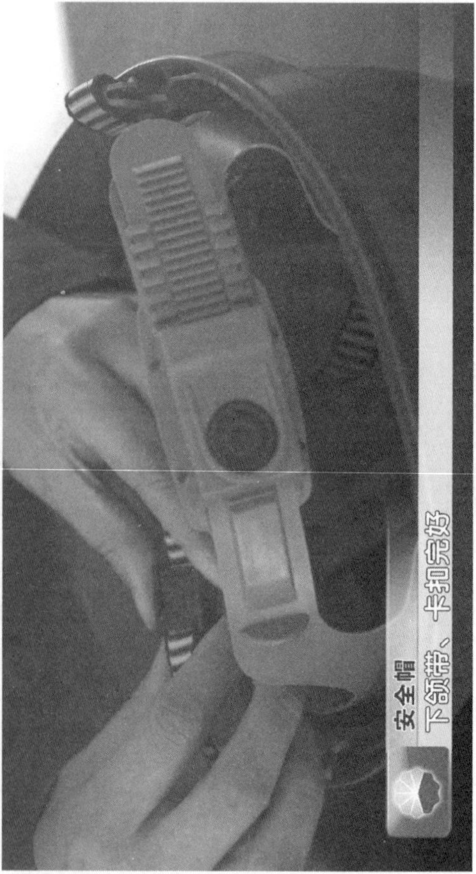
安全帽
下颌带、卡扣完好

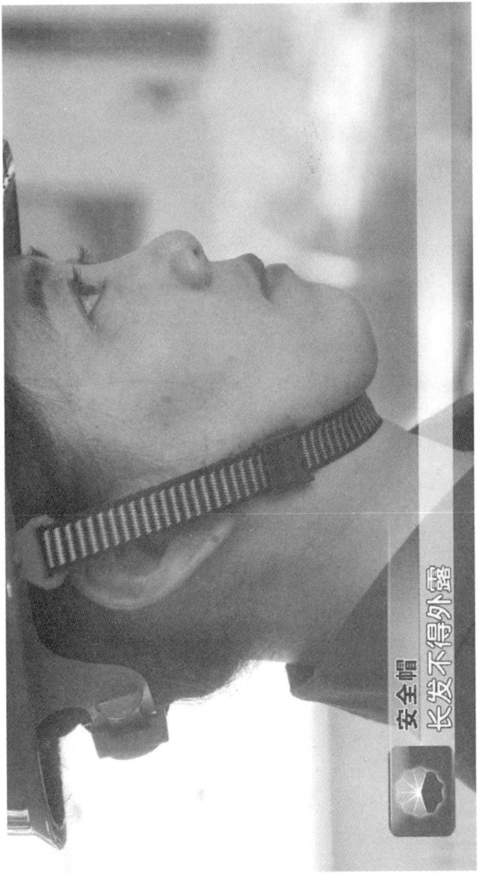
安全帽
长发不得外露

护目镜

护目镜主要是防护眼睛和面部免受异物以及化学性物品溅射的损伤。使用前，应检查护目镜外观完好无划痕，与面部接触部位无破损。束带弹力正常，长度合适。佩戴时，护目镜要与面部充分接触，挂好束带。与安全帽配合使用时，应先戴好护目镜、后戴安全帽。

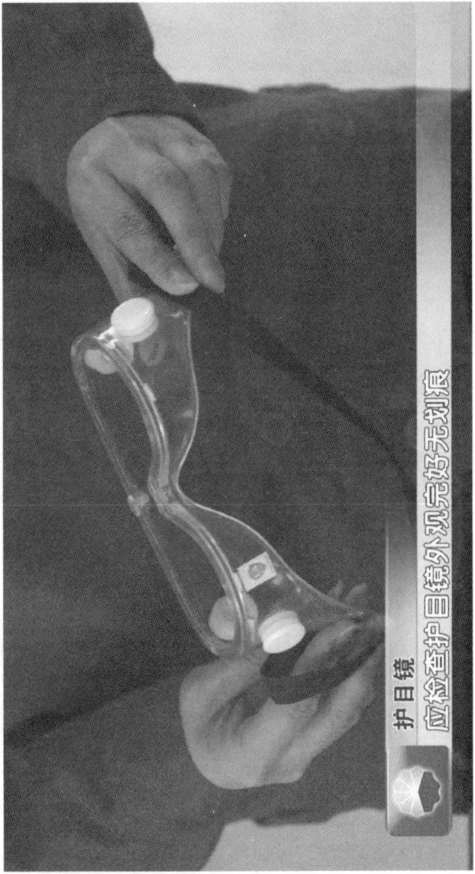
护目镜
应检查护目镜外观完好无划痕

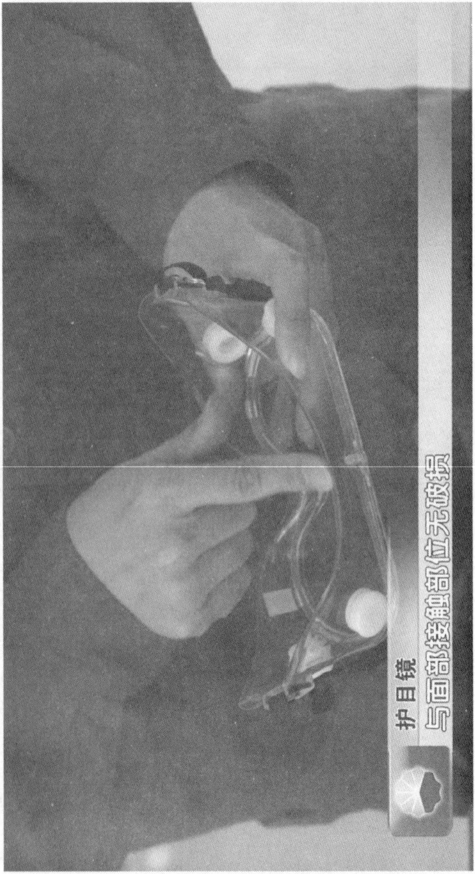
护目镜
与面部接触部位无破损

护目镜
护目镜要与面部充分接触

护目镜
挂好束带

护目镜
应先戴好护目镜、后戴安全帽

防噪声耳塞

防噪声耳塞主要用于隔绝或防止过量的声能侵入外耳道，避免噪声的过度刺激，减少听力损伤。使用前，检查耳塞无老化、缺损。佩戴时，先将耳塞搓细，随后将耳朵向斜后方提起，将搓细后耳塞的 $^2/_3$ 塞入耳道中，按住 10s 待耳塞膨胀将耳道封住。耳塞推进和取出时都要轻微、缓慢。与安全帽配合使用时，应先戴耳塞，后戴安全帽。

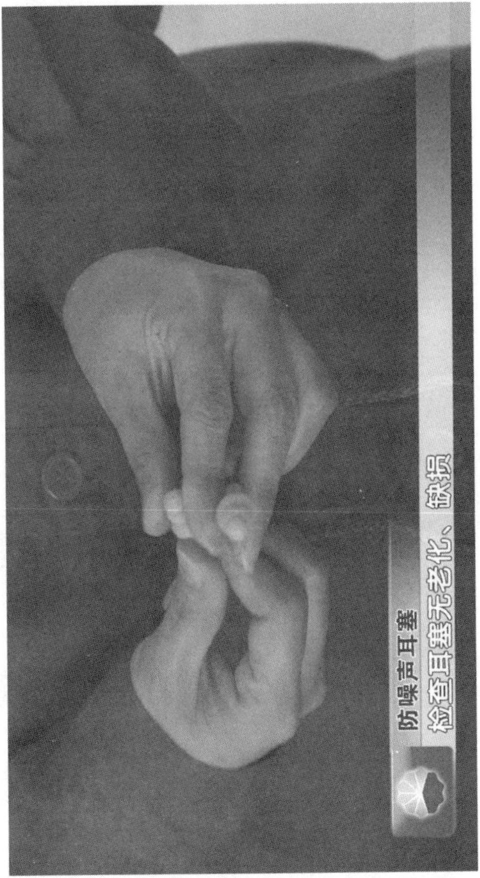
防噪声耳塞
检查耳塞无老化、缺损

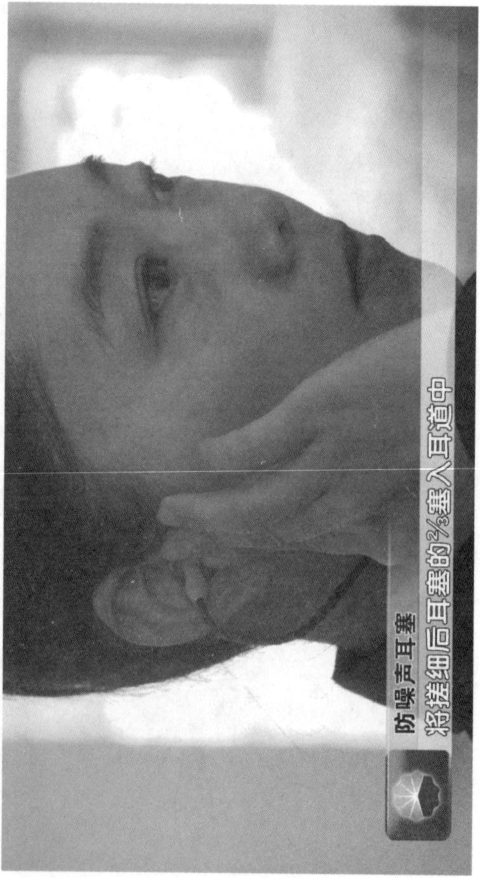
防噪声耳塞
将搓细后耳塞的2/3塞入耳道中

防噪声耳塞
后戴安全帽

防护口罩

防护口罩是防止有害气体、粉尘、烟雾吸入呼吸道，保证操作人员正常呼吸的个人防护用品。使用前，应检查过滤器、金属鼻夹完好，耳带固定牢固、松紧适度。佩戴时，将防护口罩置于面部合适位置，挂好耳带，调整金属鼻夹至鼻梁形状。与安全帽配合使用时，应先戴防护口罩，后戴安全帽。

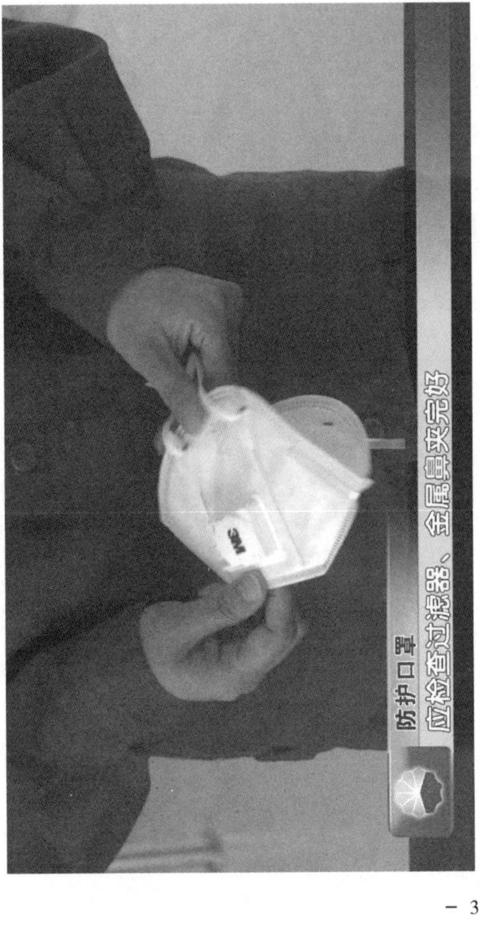
防护口罩
应检查过滤器、金属鼻夹完好

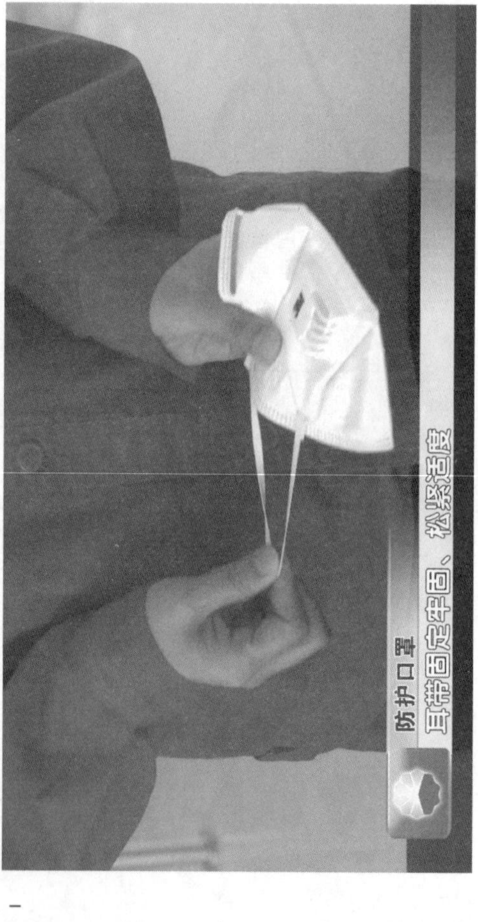
防护口罩
耳带固定牢固、松紧适度

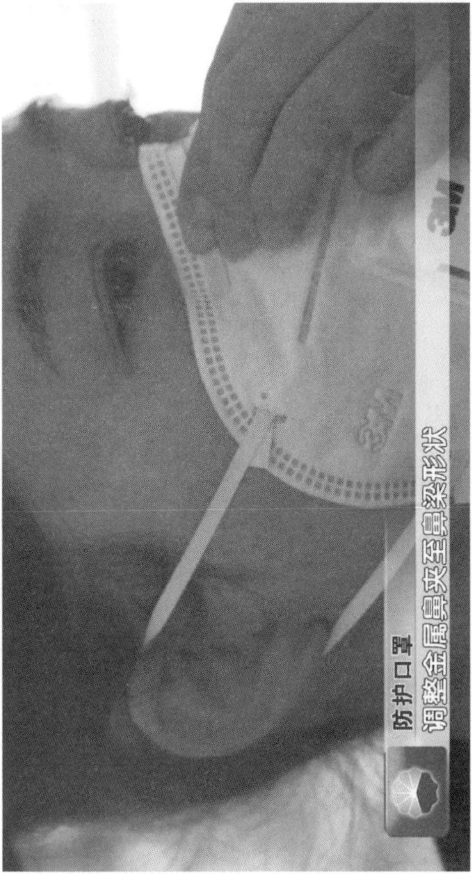
防护口罩
调整金属鼻夹至鼻梁形状

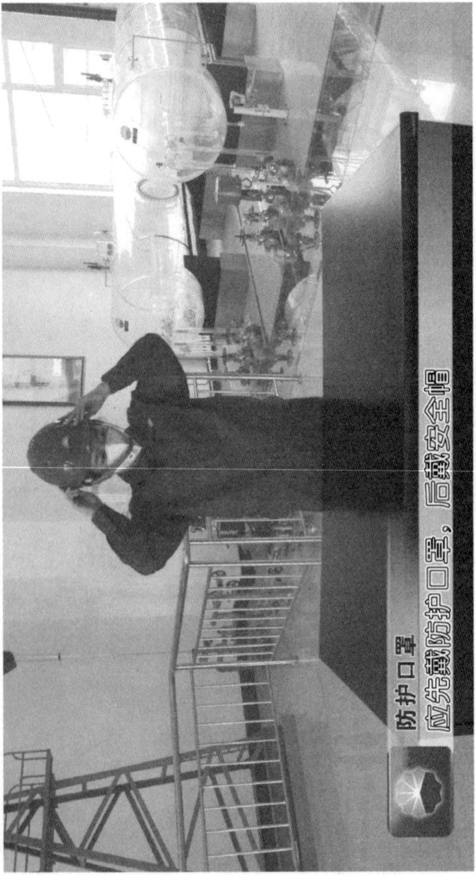
防护口罩
应先戴防护口罩，后戴安全帽

安全带

安全带是预防高处作业工人坠落事故的个人防护用品。使用前，应检查安全带生产日期在有效期内，带子与调整环连接牢固，安全绳接头牢固无断股，与自锁钩接触部位完好无断股。自锁钩灵活好用无裂纹。胸带固定牢固无损坏。使用时，将肩带置于双肩，腰带穿过胸带环形空间，通过调整环系紧，再系紧胸带，安全带、安全绳不得打结。选择合适的悬挂点，高挂低用，不得挂在棱角锋利、移动或不牢固的物件上，不得将自锁钩直接挂在安全绳上。

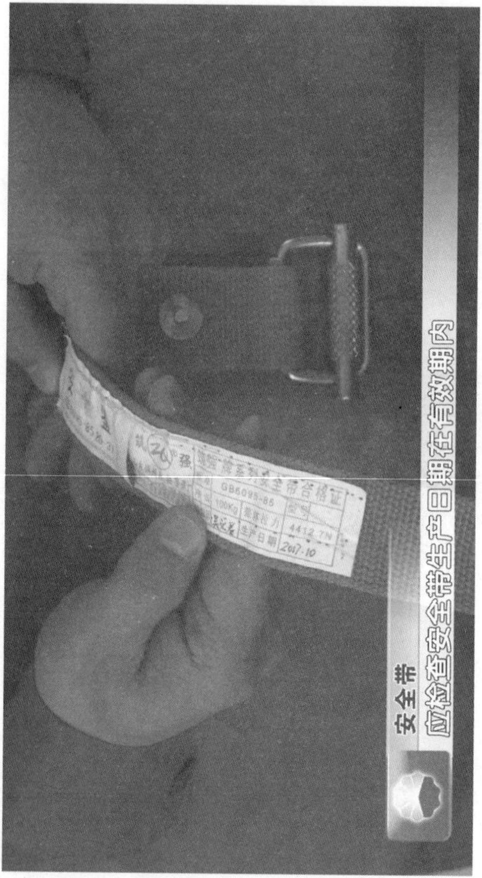
安全带
应检查安全带生产日期在有效期内

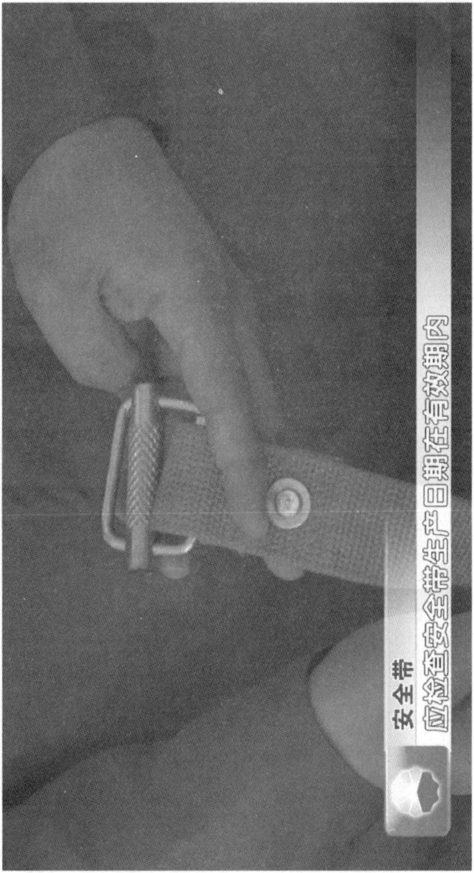
安全带
应检查安全带生产日期在有效期内

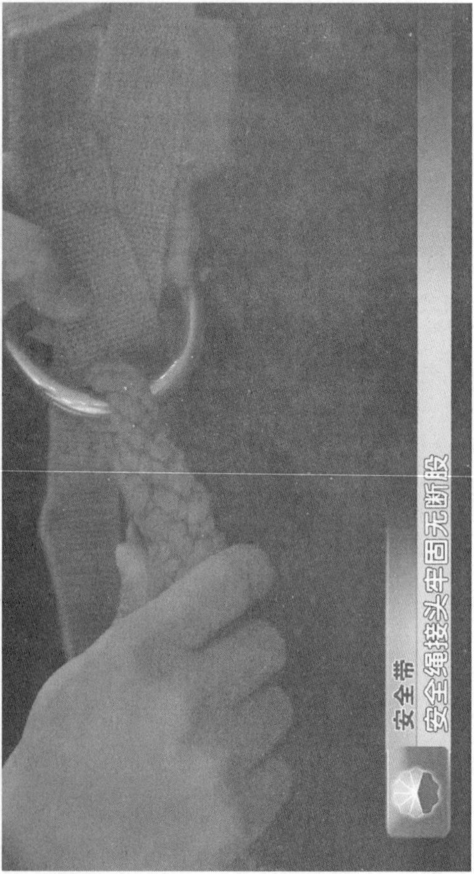
安全带
安全绳接头牢固无断股

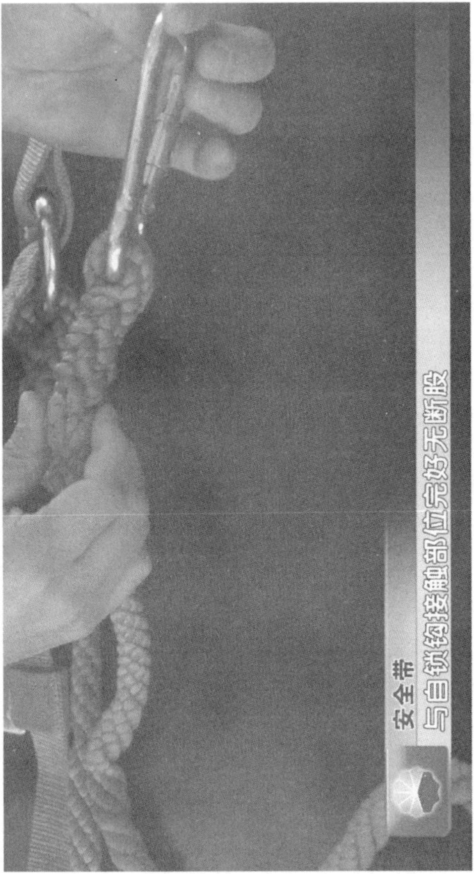
安全带
与自锁钩接触部位完好无断股

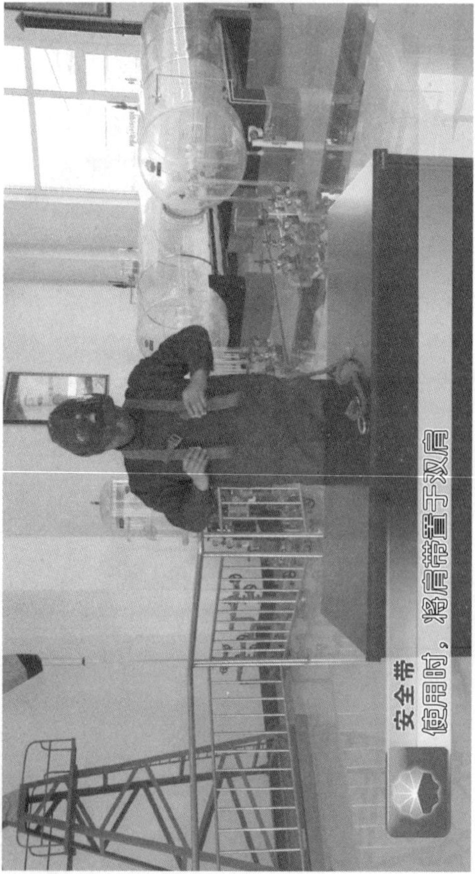
安全带
使用时，将肩带置于双肩

安全带
腰带穿过胸带环形空间

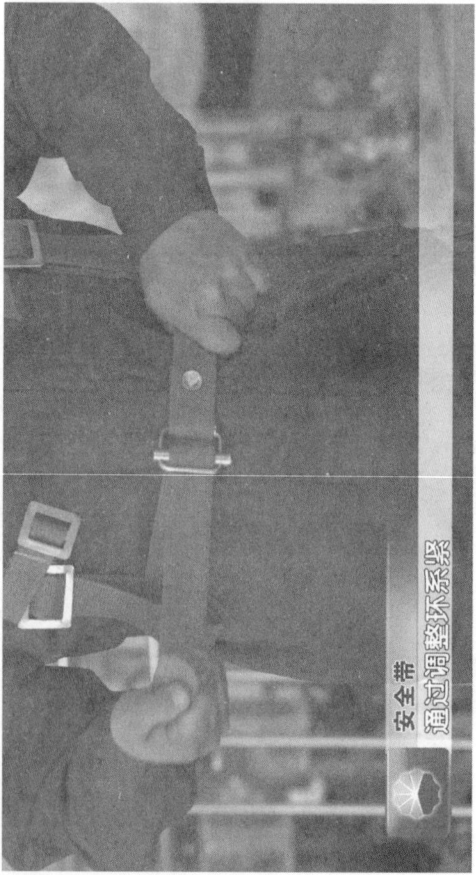
安全带
通过调整环系紧

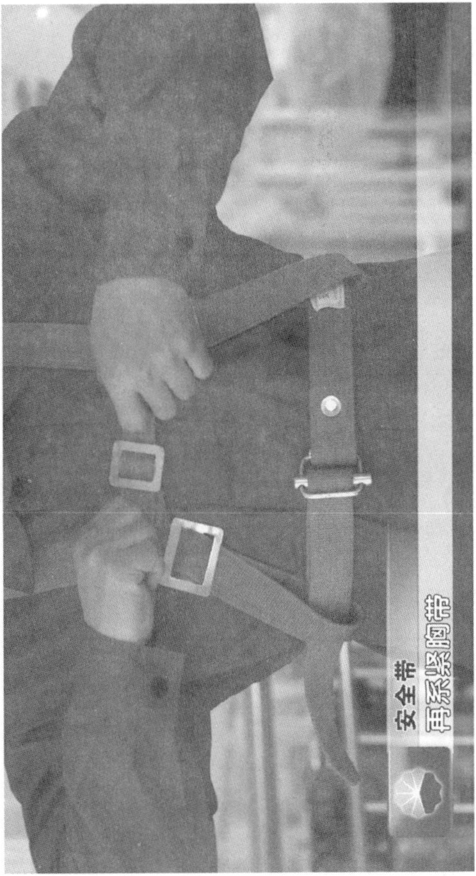
安全带
再系紧胸带

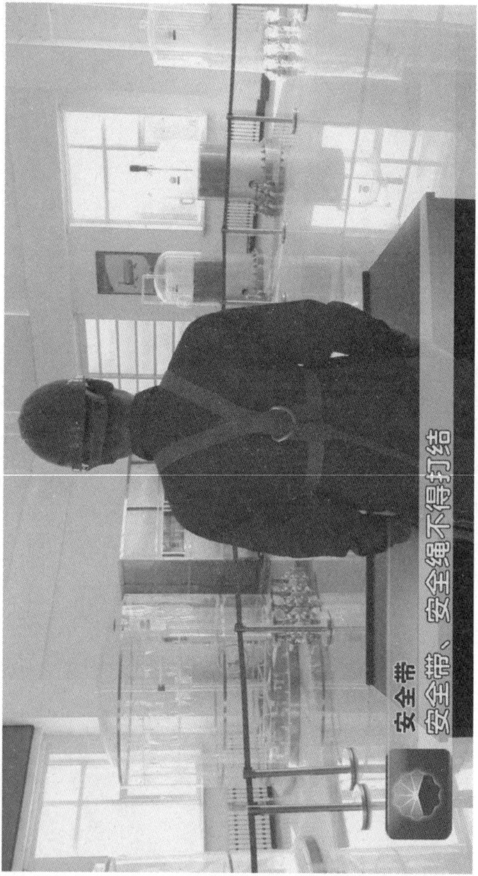
安全带
安全带、安全绳不得打结

ZS323
安全带
选择合适的悬挂点，高挂低用，不得挂在棱角锋利、移动或不牢固的物件上

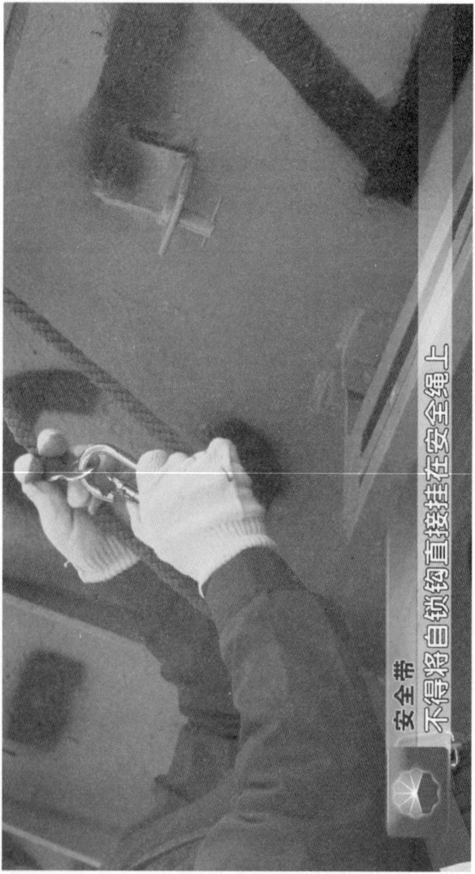
安全带
不得将自锁钩直接挂在安全绳上

防护手套

防护手套用于保护手和手臂，分为劳动保护手套、耐酸手套、耐碱手套、焊工手套、绝缘手套等。绝缘手套是用天然橡胶制成的手套，主要用于电工作业。使用前，检查绝缘手套在有效期内，手套无损伤、划痕、老化、漏气。佩戴时，将外衣袖口放入绝缘手套延长部分内，不得外露。

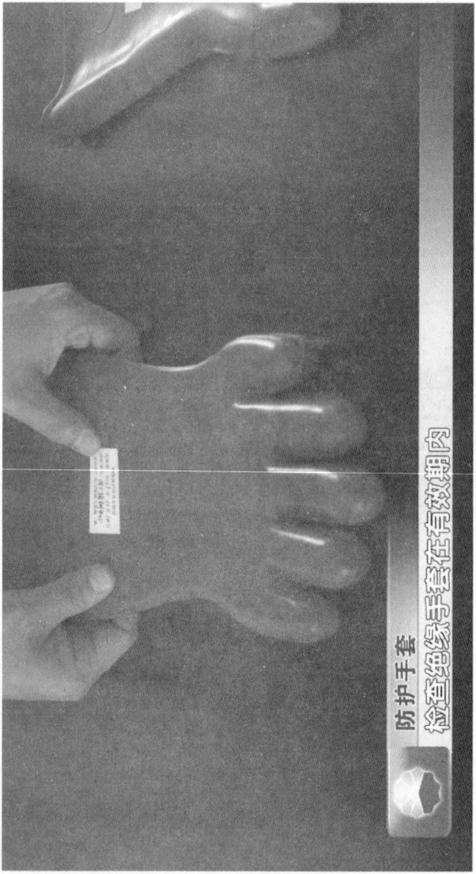
防护手套
检查绝缘手套在有效期内

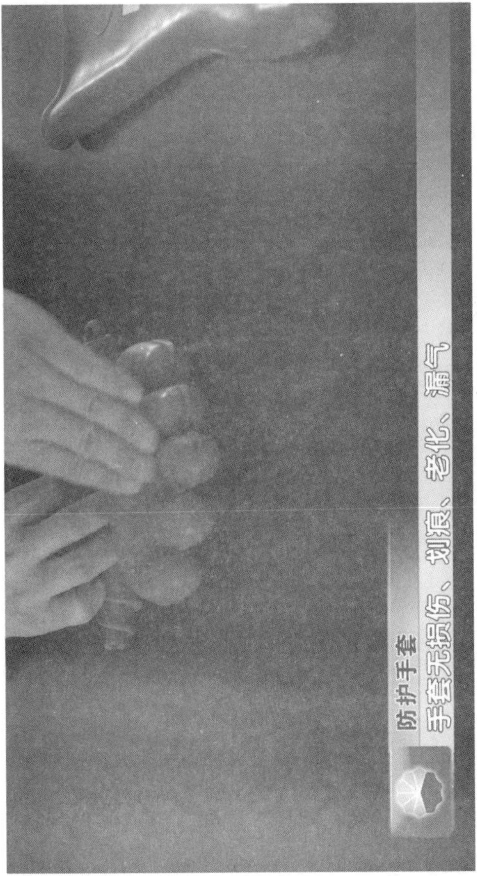
防护手套
手套无损伤、划痕、老化、漏气

防护手套
将外衣袖口放入绝缘手套延长部分内

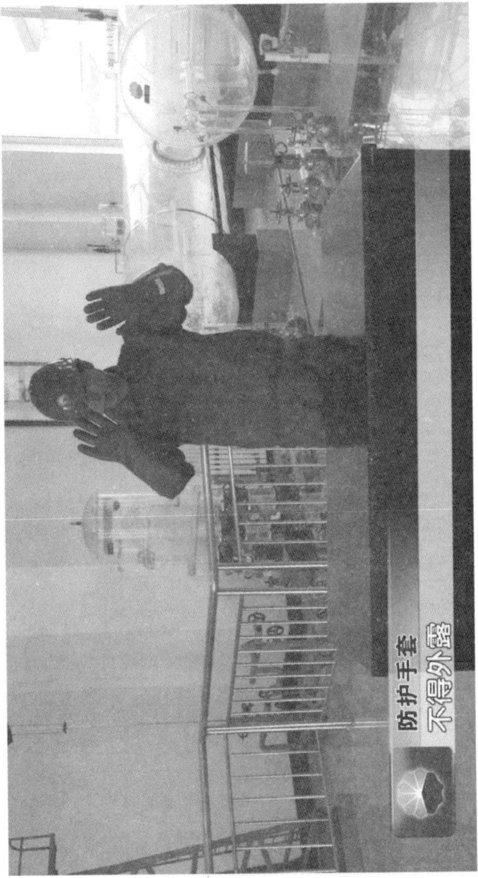
防护手套
不得外露

使用中的注意事项

（1）劳动安全防护用品应专人专用，使用后应清理干净，放到指定位置摆放。

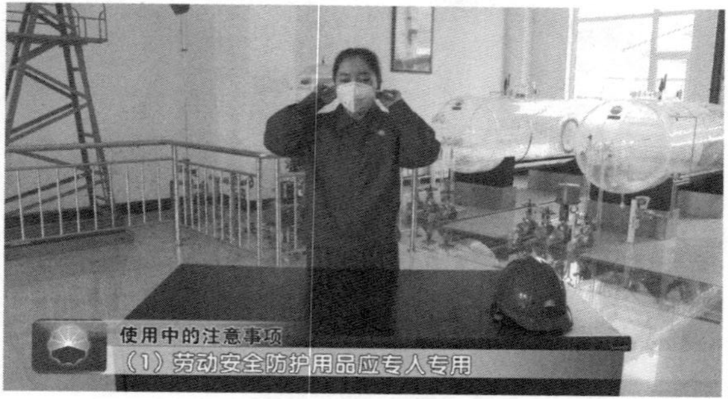

（2）佩戴时应选择规格合适、外观完好的防护用品。

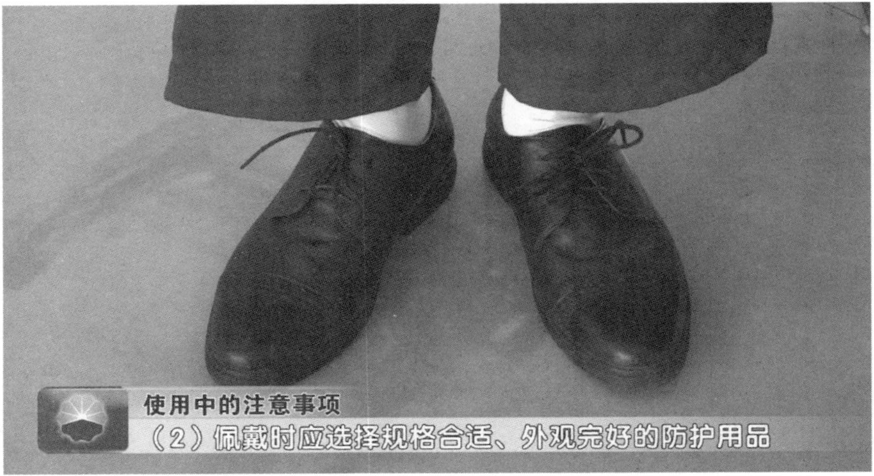
使用中的注意事项
（2）佩戴时应选择规格合适、外观完好的防护用品

（3）禁止在安全防护用品上加装金属物件。

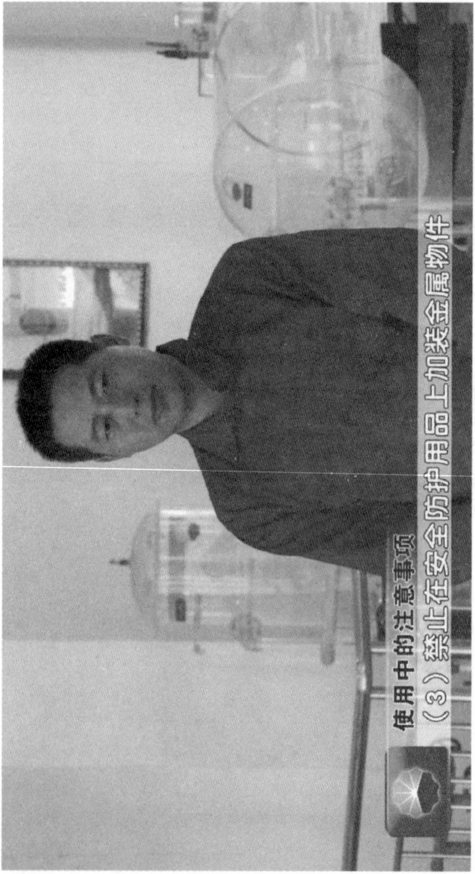
使用中的注意事项
（3）禁止在安全防护用品上加装金属物件

试　题

一、选择题（不限单选）

1. 劳动安全防护用品是保护劳动者在生产过程中的（　）所必备的用品总称。

A. 人身安全与环境

B. 人身安全与健康

C. 设备安全与环境

D. 设备安全与健康

2. 劳动安全防护用品对于（　）职业危害起着相当重要的作用。

A. 防止　　B. 避免

C. 消除　　D. 减少

3. 塑料安全帽的使用年限不超过（　）年。

A. 1　　B. 1.5

C. 2　　D. 2.5

4. 安全带的使用期限（ ）年，发现异常应提前报废。

A. 1~3　　B. 3~5

C. 4~6　　D. 5~7

5. 安全带的正确挂法是（ ）。

A. 高挂高用　　B. 高挂低用

C. 低挂高用　　D. 低挂低用

6. 安全带应在使用（ ）年后，按批量购入情况抽验一次。

A. 5　　B. 4

C. 3　　D. 2

7. 防护服是能够协助岗位员工调节体温、保护皮肤以达到防热辐射、（ ）、防毒等功能的劳动保护用品。

A. 防水　　B. 防火

C. 防雷　　D. 防静电

二、判断题

1. 防静电工作服是适用于石油、石化、化工等行业的具有绝缘性能的特种工作服。（ ）

2. 防护鞋是防止生产过程中有害物质和能量损伤劳动者足部的防护用具。（ ）

3. 女士佩戴安全帽时，应将长发盘好不得外露。（ ）

4. 普通绝缘手套的试验周期是 24 个月。（ ）

试题参考答案

一、选择题

题号	1	2	3	4	5	6	7
答案	B	D	D	B	B	D	ABD

二、判断题

题号	1	2	3	4
答案	×	√	√	×

《安全防护用具使用》

分册序号	分册书名
1	采油工常用劳动安全防护用品的使用
2	常用灭火器的使用
3	正压式空气呼吸器的使用

采油工安全生产标准化操作丛书

中国石油人事部
中国石油勘探与生产分公司 编

安全防护用具使用 2

常用灭火器的使用

石油工业出版社

图书在版编目（CIP）数据

安全防护用具使用 / 中国石油人事部，中国石油勘探与生产分公司编 .—北京：石油工业出版社，2019.5
（采油工安全生产标准化操作丛书）
ISBN 978-7-5183-3246-5

Ⅰ. ①安… Ⅱ. ①中… ②中… Ⅲ. ①石油开采－安全设备－使用方法 ②石油开采－防护设备－使用方法 Ⅳ. ① TE35-65

中国版本图书馆 CIP 数据核字（2019）第 049953 号

出版发行：石油工业出版社
（北京安定门外安华里 2 区 1 号楼 100011）
网　址：www.petropub.com
编辑部：（010）64523537
图书营销中心：（010）64523633
经　　销：全国新华书店
印　　刷：北京中石油彩色印刷有限责任公司

2019 年 5 月第 1 版　2019 年 5 月第 1 次印刷
880×1230 毫米　开本：1/64　印张：3.25
字数：60 千字

定价：45.00 元（全 3 册）
（如出现印装质量问题，我社图书营销中心负责调换）

《采油工安全生产标准化操作丛书》

编 委 会

《安全防护用具使用 2 常用灭火器的使用》
编 委 会

开发单位

中国石油天然气股份有限公司勘探与生产分公司

大庆油田有限责任公司人事部（党委组织部）

大庆油田有限责任公司开发部

大庆油田有限责任公司质量安全环保部

大庆油田有限责任公司第二采油厂

大庆油田有限责任公司第四采油厂

大庆油田有限责任公司第六采油厂

大庆油田有限责任公司文化集团

大庆油田有限责任公司人才开发院

大庆油田有限责任公司大庆医学高等专科学校

合作单位

长庆油田分公司

辽河油田分公司

新疆油田分公司

大港油田分公司

华北油田分公司

石油工业出版社

FOREWORD 序

“求木之长者，必固其根本；欲流之远者，必浚其泉源。”2017 年，党中央、国务院印发了《新时期产业工人队伍建设改革方案》，明确指出，产业工人是工人阶级中发挥支撑作用的主体力量，是创造社会财富的中坚力量，是创新驱动发展的骨干力量，是实施制造强国战略的有生力量。同时提出，要造就一支有理想守信念、懂技术会创新、敢担当讲奉献的宏大的产业工人队伍。这充分体现了党和国家对产业工人队伍建设的关心支持。

中国石油牢固树立以人为本、质量至上、安全第一、环保优先的理念，坚持施行标准化操作作为保证安全生产、深化精细管理、实现

企业内涵发展的重要支撑。中国石油将提升员工技能水平作为抓好产业工人队伍建设的主攻方向，把标准化操作固化成基层单位和干部职工尤其是新员工的行为准则和工作标准，牢固树立“上标准岗、干标准活”的工作意识和理念，形成人人讲安全、人人会安全、人人都安全的良好局面。

守正笃实，久久为功。提升员工技能操作水平是一项长期而艰巨的任务，完善标准是基础，加强领导是保障，优化执行是根本。这需要大家积极推广标准化操作工作，不断加强和改进操作流程与标准，不断规范与完善标准化操作，引导广大员工全面提升对标准化操作的认知度，全面提升标准化操作执行力，规范本质化安全行为，推进各项工作上水平。

中国石油人事部和中国石油勘探与生产分公司共同组织编写的《采油工安全生产标准化

操作丛书》及配套的视频课件，包含中国石油各油气田单位通用性的140个基本操作，具有开发标准高、内容全面、注重安全风险、应用范围广、培训效果突出等方面优点。相对应的视频课件利用三维动画技术，通过分解、剖切等方式展示常规不可见的设备内部结构，让员工学习起来更加直观，是一套“看得懂、学得会、易掌握”的实用教材，真正做到了将“技术有形化”，填补了中国石油安全生产操作培训课件方面的空白，为进一步提升操作员工整体素质提供有力支撑。

目前，跨国公司员工培训已经进入了“互联网+培训”的员工混合式培训阶段，以多终端应用设备为载体，展现多种资源，结合线下培训和社区化学习模式，以网络化应用进行培训评估，实现可规划路径的人才发展优化培训。这套丛书从生产实际出发，以满足需求为导向，

以促进员工养成标准化操作习惯为目标，实践性和针对性都很强。同时，大批专家的参与写作使教材的权威性有了保证。丛书配套的视频课件可以满足石油员工远程移动学习，也可以满足员工单机高清自学和集中学习。这样就形成了三位一体的员工培训模式，逐步迈入员工混合式培训阶段。希望这套丛书的出版发行，能为促进中国石油员工培训工作的深入开展，为促进员工操作技能水平的不断提升，为推动油气主业高质量发展，为实现中国石油建成世界一流综合性国际能源公司作出积极贡献。

中国石油天然气集团有限公司
总经理助理、人事部总经理

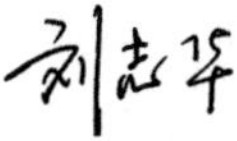

PREFACE 前言

采油工是油田企业主体关键工种之一，在中国石油操作类员工中占比较大，采油工技能水平的高低，对油田的安全平稳生产起到至关重要的作用。为进一步提高采油工的基本素质和业务技能水平，中国石油人事部和中国石油勘探与生产分公司于2016年联合启动了采油工安全生产标准化操作视频培训课件开发项目，成立了课件编委会，委托大庆油田公司负责课件具体编制工作，并确定长庆、辽河、新疆、大港、华北5家油田公司和石油工业出版社，共同配合大庆油田做好视频培训课件编制工作。

课件开发过程中，大庆油田高度重视，按照“实际、实用、实效”的原则，专门成立了

课件开发工作领导组，组织公司人事部、开发部、安全环保部、第二采油厂、第四采油厂等9个部门和二级单位共同参与，共计抽调了100余名专家参与项目的研发设计。勘探与生产分公司加强过程监督和质量把控，针对开发方案、课件脚本、制作标准、课件样片等内容，按照不同工作节点先后组织三次大的集中审核会议，邀请中国石油各油田行业专家建言献策，为提高课件的通用性和实用性奠定坚实基础。大庆油田按照总体工作要求，历时两年，完成了视频培训课件的编制任务，并同步完成《采油工安全生产标准化操作丛书》的编写工作。本套丛书紧贴油田生产实际，以采油工岗位职责为依据，包含《安全防护用具使用》《工具、用具、量具使用》《采油工艺简介》《抽油机井标准化操作》《电动潜油泵井标准化操作》《电动螺杆泵井标准化操作》《注水井标准化操作》

《计量间标准化操作》《抽油机井生产故障分析与处理》《电动潜油泵井生产故障分析与处理》《电动螺杆泵井生产故障分析与处理》《注水井生产故障分析与处理》《计量间生产故障分析与处理》《现场应急救护》，共 14 种 140 个分册。本套丛书具有突出的实用性和规范性特点，可广泛用于新员工岗前培训、日常岗位练兵、鉴定考前培训、师徒帮带、技能竞赛等学习培训活动。

希望本套丛书能够为各石油企业提供借鉴，为今后采油工岗位培训的扎实有效开展提供有力保障。由于各油田在采油工艺、设备等方面存在差异性，书中难免有不足之处，敬请读者批评指正。

编者

2018 年 8 月

CONTENTS 目录

项目说明

灭火器是常见的消防器材，适用于扑灭初期火灾。由于装填灭火剂的成分不同，扑救火灾的类型也不同。油田中常用的灭火器有干粉灭火器、泡沫灭火器、二氧化碳灭火器、清水灭火器等。

参考标准

GB 4351.1—2005《手提式灭火器第 1 部分：性能和结构要求》

结构组成

以手提式灭火器为例。手提式灭火器主要由筒体、提把、压把、压力表、保险销、喷射软管（喷嘴）等组成，泡沫灭火器内部设有瓶胆。

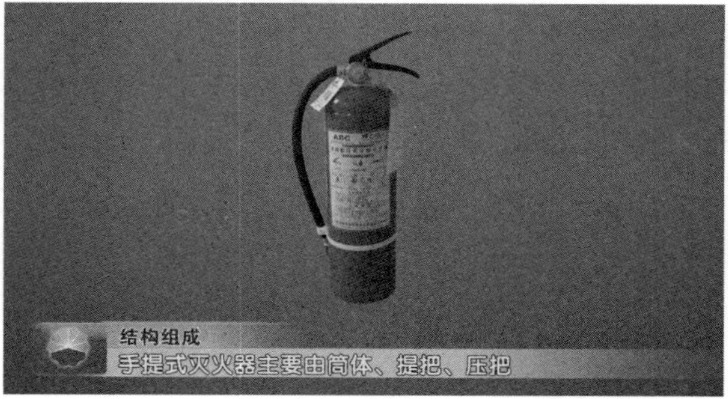

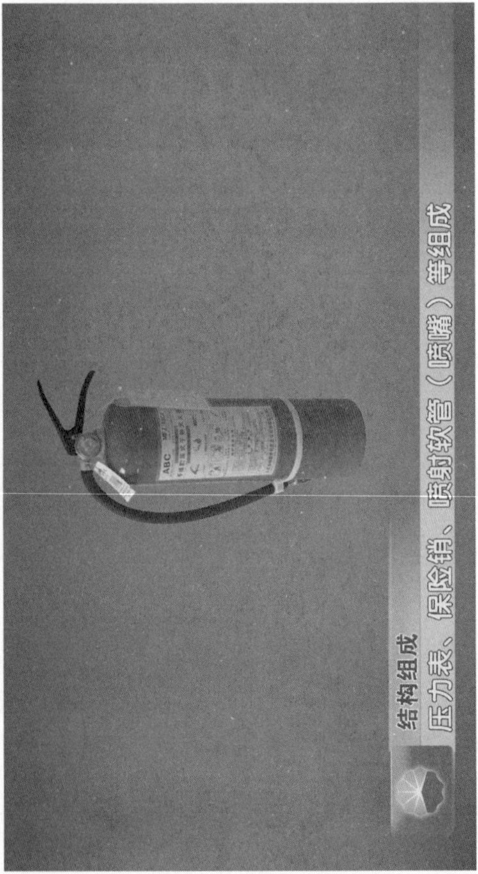
结构组成
压力表、保险销、喷射软管（喷嘴）等组成
ABC

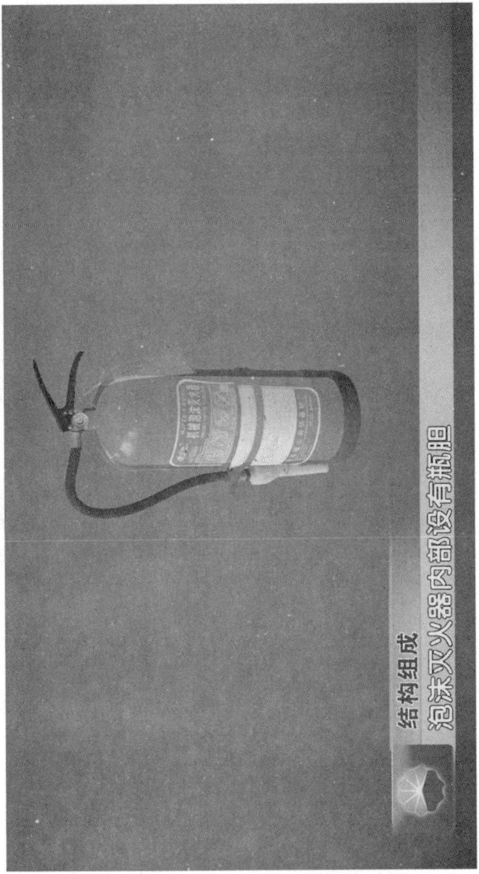
结构组成
泡沫灭火器内部设有瓶胆

灭火器的检查

灭火器应放置在明显、方便提取的指定位置，根据不同场所可能发生的火灾类型不同，配备相应的灭火器。

消火栓
灭火器的检查
灭火器应放置在明显、方便提取的指定位置

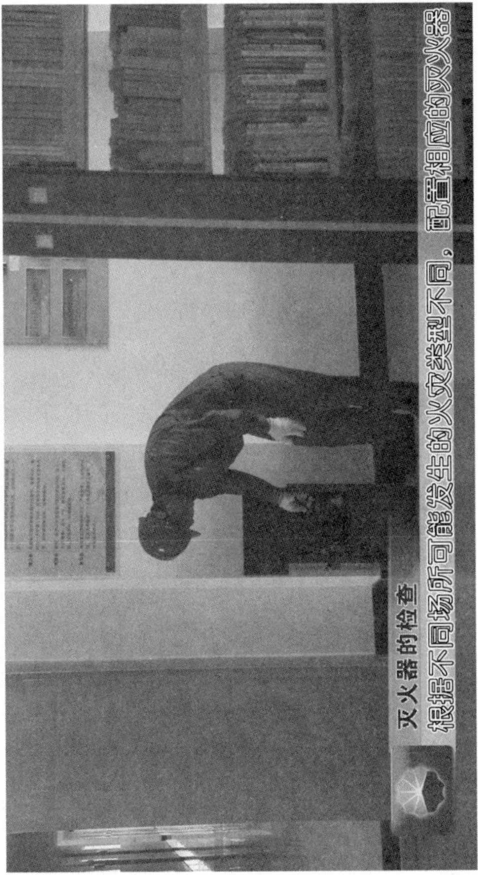
灭火器的检查
根据不同场所可能发生的火灾类型不同，配置相应的灭火器

灭火器应每月定期检查。

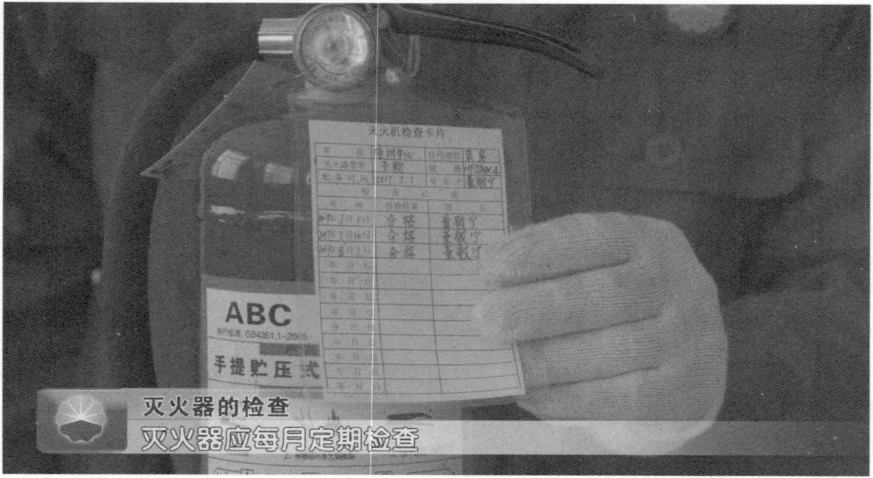

检查内容包括外观完好，喷射软管无老化、破损现象，压力表指针指在绿色区域内，保险销、铅封完好，确保灭火器在检定周期内，随时处于完好待用状态。

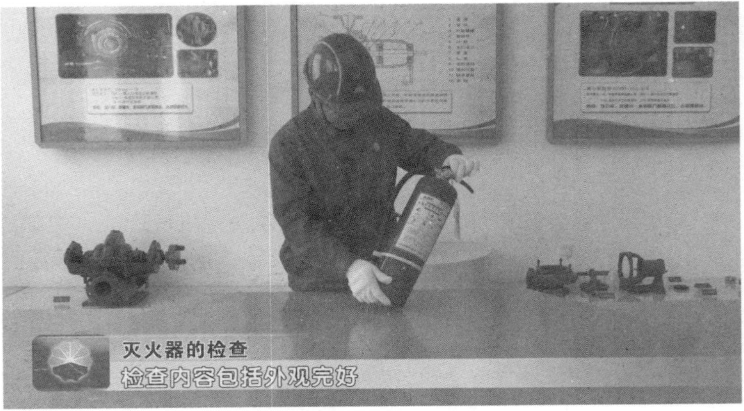

灭火器的检查
喷射软管无老化、破损现象

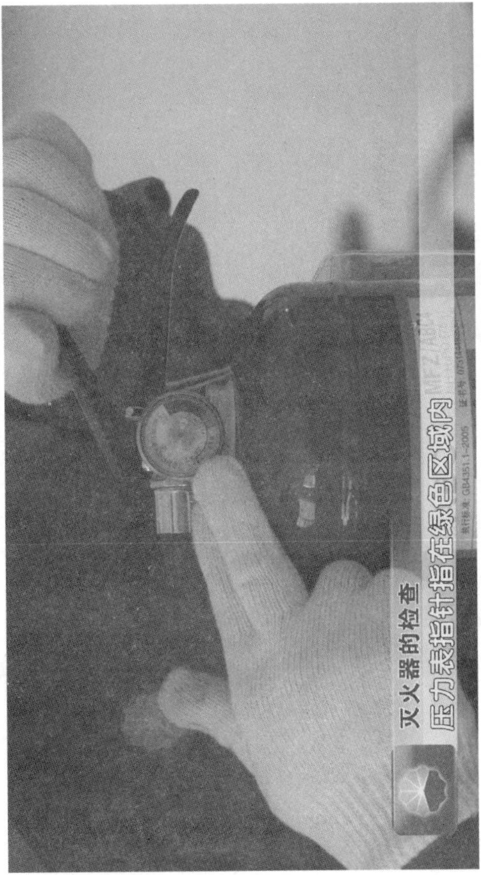
灭火器的检查
压力表指针指在绿色区域内

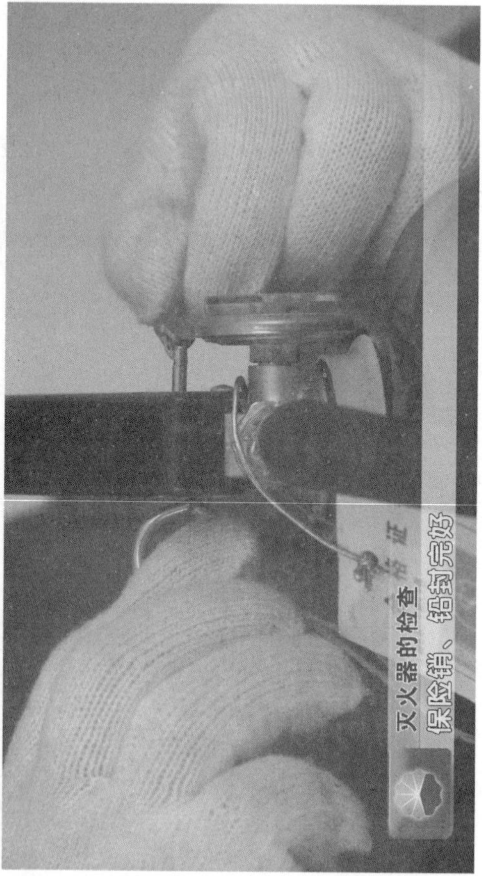
灭火器的检查
保险销、铅封完好

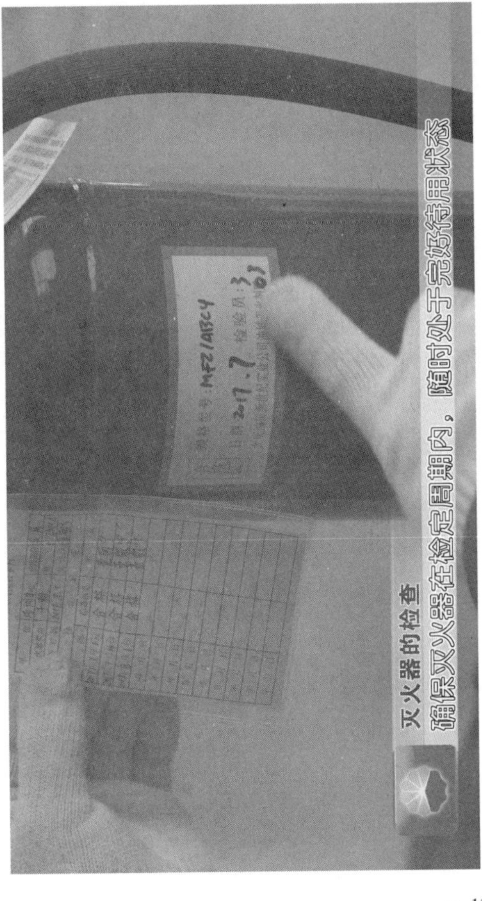
灭火器的检查
确保灭火器在检定周期内，随时处于完好待用状态

使用方法

（1）干粉灭火器适用于扑救易燃、可燃液体、气体、带电设备及固体类物质的初期火灾，不适用于金属火灾。

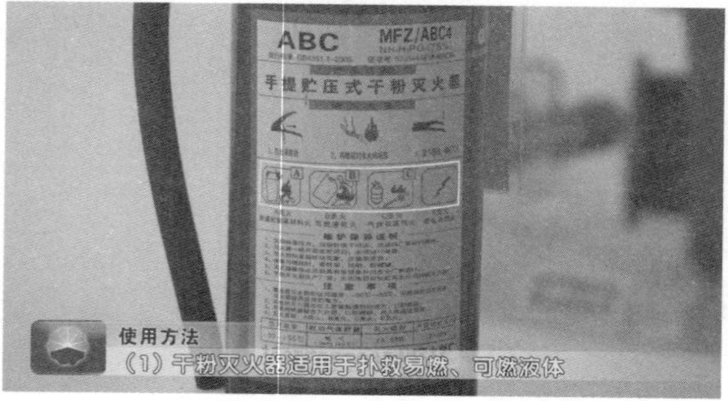
ABC
MFZ/ABC4
手提贮压式干粉灭火器
使用方法
（1）干粉灭火器适用于扑救易燃、可燃液体

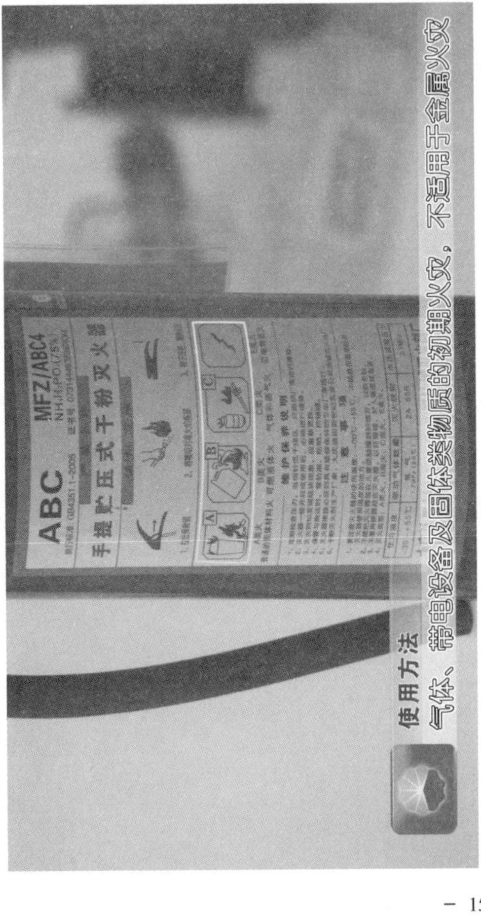
ABC
MFZ/ABC4
手提贮压式干粉灭火器
使用方法
气体、带电设备及固体类物质的初期火灾，不适用于金属火灾使用前应将干粉灭火器上下颠倒几次，使干粉松动，拔出保险销，摘下喷射软管，一手持喷射软管，一手提起灭火器。

使用方法
使用前应将干粉灭火器上下颠倒几次，使干粉松动

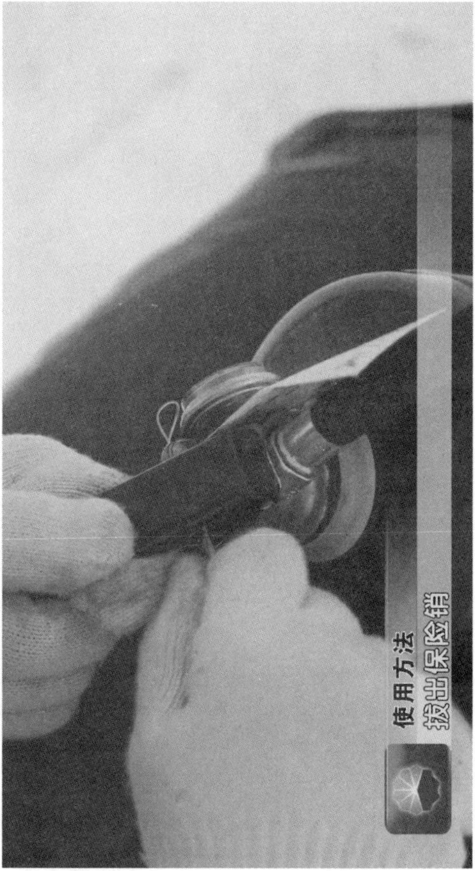
使用方法
拔出保险销

使用方法
摘下喷射软管

使用方法
一手持喷射软管，一手提起灭火器

灭火时，手提灭火器迅速到达火场上风侧的安全位置，按下压把，对准火焰根部持续喷射进行灭火，直至将火扑灭。

使用方法
灭火时，手提灭火器迅速到达火场上风侧的安全位置

使用方法
按下压把，对准火焰根部持续喷射进行灭火，直至将火扑灭

（2）泡沫灭火器适用于扑救一般固体类物质火灾和油类等可燃液体的初期火灾，不适用醇、酮、酯、醚等有机溶剂、带电设备、气体类及金属类火灾。

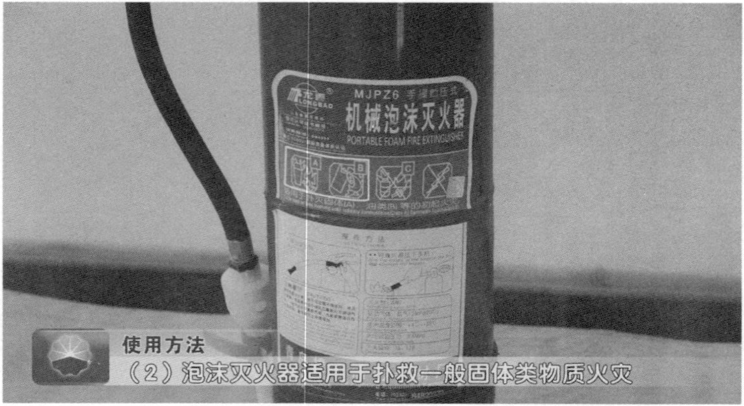

MJPZ6
机械泡沫灭火器
PORTABLE FOAM FIRE EXTINGUISHER
使用方法
和油类等可燃液体的初期火灾

MJPZ6
机械泡沫灭火器
PORTABLE FOAM FIRE EXTINGUISHER
使用方法
不适用醇、酮、酯、醚等有机溶剂

MJPZ6
机械泡沫灭火器
PORTABLE FOAM FIRE EXTINGUISHER
使用方法
带电设备、气体类及金属类火灾

灭火时，手提灭火器迅速到达距火场 3~5m 处的上风侧安全位置，拔下保险销，握住喷射软管前端喷嘴处，按下压把使射流对准燃烧最猛烈处喷射进行灭火，直至将火扑灭。

使用方法
手提灭火器迅速到达距火场3~5m处的上风侧安全位置

使用方法
拔下保险销

使用方法
握住喷射软管前端喷嘴处

使用方法
按下压把使射流对准燃烧最猛烈处喷射进行灭火

使用方法
直至将火扑灭

（3）二氧化碳灭火器适用于图书、档案、贵重设备、精密仪器、600V 以下电气设备及油类的初期火灾，不适用铝、钠、钾、镁等金属及氢化物的火灾。

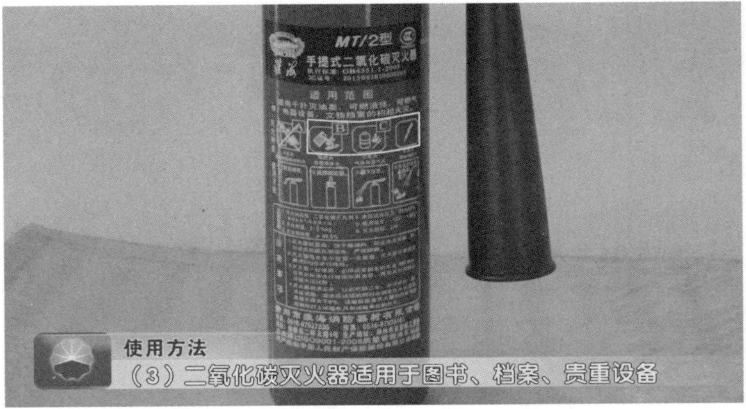

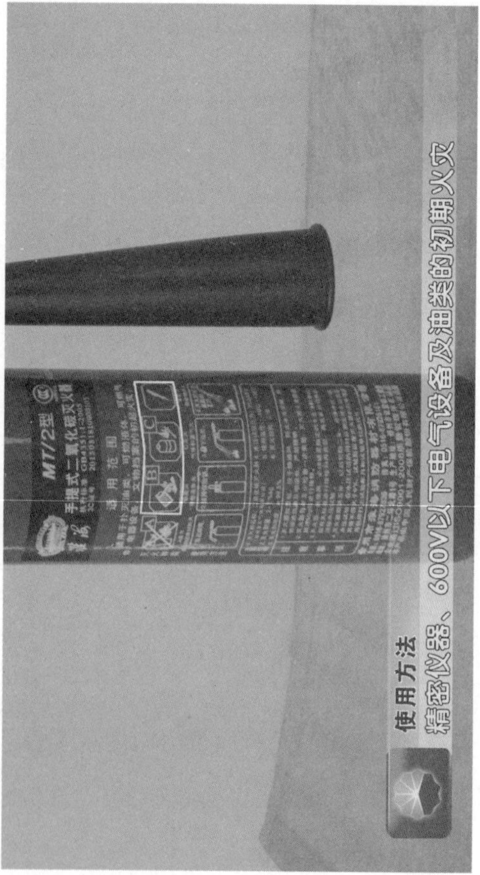
MT/2型
手提式二氧化碳灭火器
使用方法
精密仪器、600V以下电气设备及油类的初期火灾

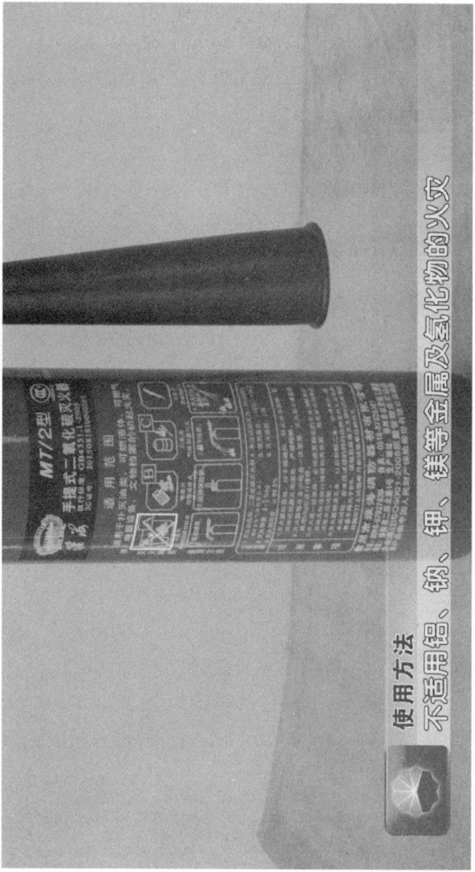
使用方法
不适用铝、钠、钾、镁等金属及氢化物的火灾
MT/2型
手提式二氧化碳灭火器
适用范围

灭火时，操作人应戴上防护手套，站在上风侧的安全位置，拔出保险销，提起灭火器，握住喇叭筒外壁对准火焰按下压把，持续喷射进行灭火，直至将火扑灭。

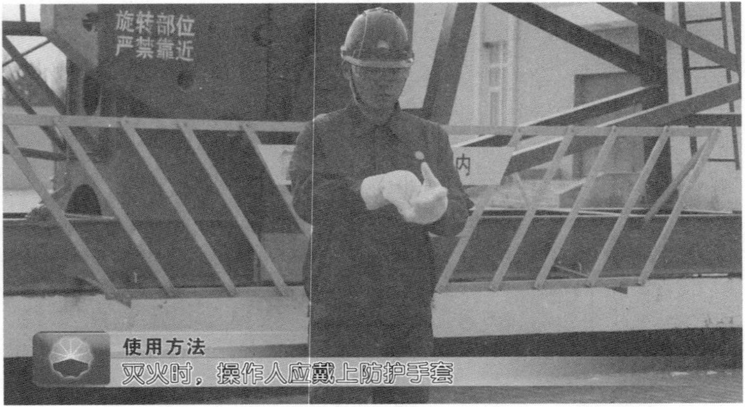

使用方法
站在上风侧的安全位置

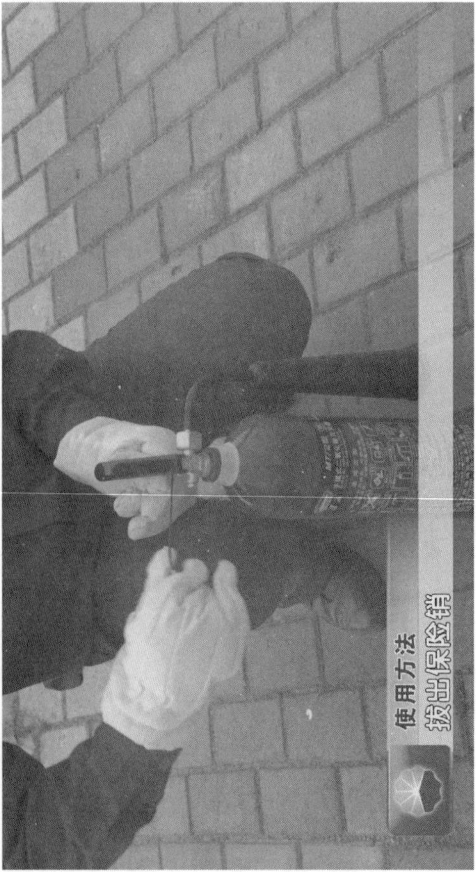
使用方法
拔出保险销

使用方法
提起灭火器，握住喇叭筒外壁对准火焰按下压把

使用方法
持续喷射进行灭火，直至将火扑灭
注意安全 禁止入内

（4）清水灭火器适用于易燃固体、非水溶性液体的初期火灾，不适用于带电设备火灾。

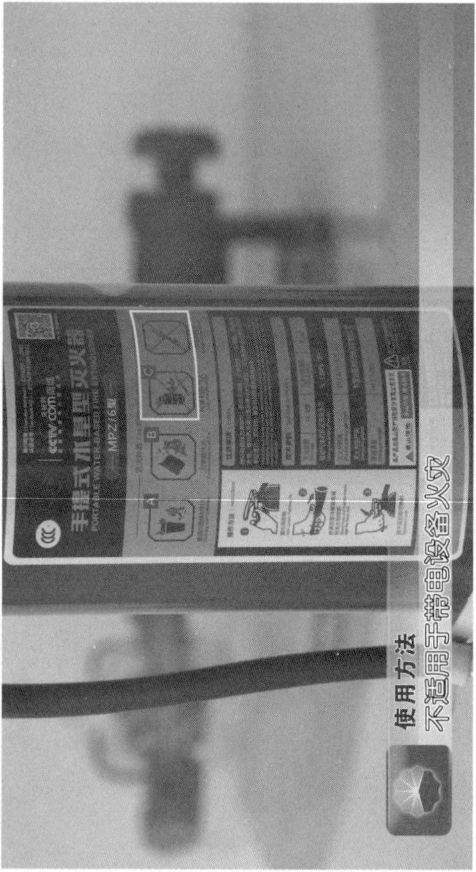
手提式水基型灭火器
MPZ/6型
使用方法
不适用于带电设备火灾

灭火时，应先拔出保险销，取下支撑架，摘下喷射软管，一手握住喷射软管前端喷嘴处，一手提起灭火器站在上风侧的安全位置，按下压把，对准火焰根部持续喷射进行灭火，直至将火扑灭。

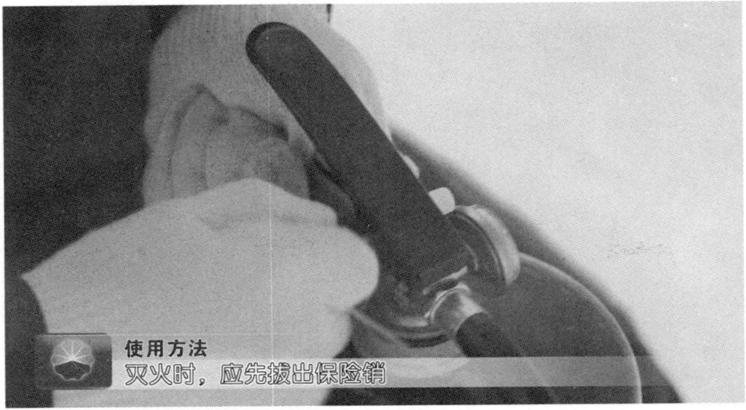

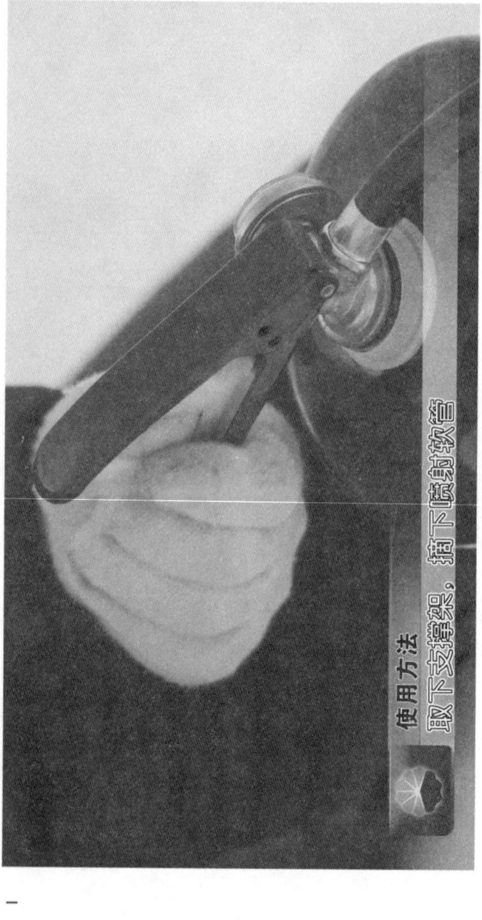
使用方法
取下支撑架，摘下喷射软管

使用方法
一手握住喷射软管前端喷嘴处

使用方法
一手提起灭火器站在上风侧的安全位置

使用方法
按下压把，对准火焰根部持续喷射进行灭火，直至将火扑灭

（5）灭火器使用完毕后，进行回收更换。

使用中的注意事项

（1）干粉灭火器使用时，应始终保持直立状态，不得横卧或颠倒使用，灭火时按下压把后不得松开，避免中断喷射。

使用中的注意事项
应始终保持直立状态，不得横卧或颠倒使用

使用中的注意事项
灭火时按下压把后不得松开，避免中断喷射

（2）室内或狭小空间使用灭火器后，人员要立即撤离。

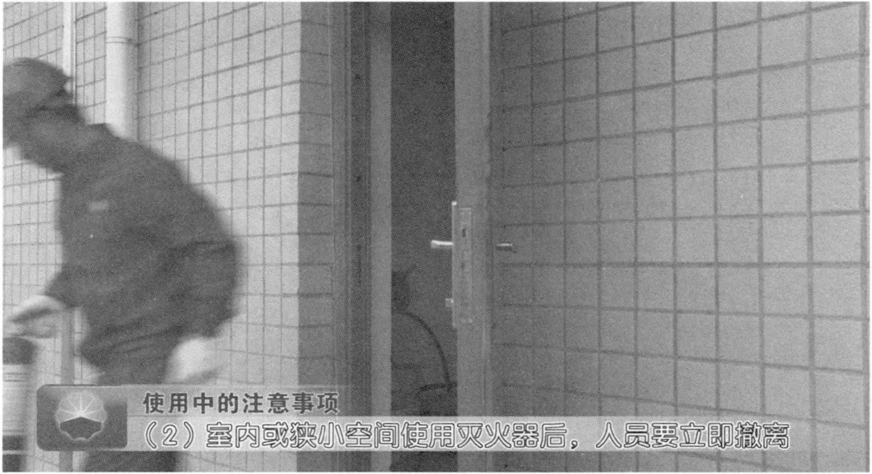
使用中的注意事项
（2）室内或狭小空间使用灭火器后，人员要立即撤离

（3）灭火器应定期检查，定期校验，当压力表指针降至红色区域应及时更换。

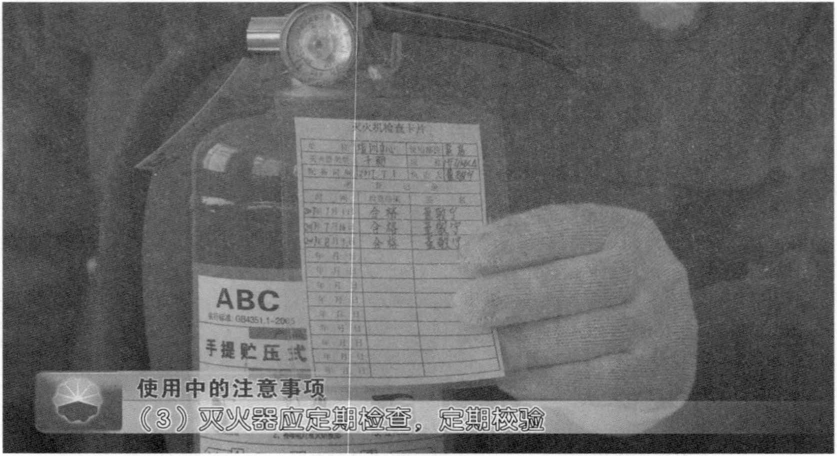

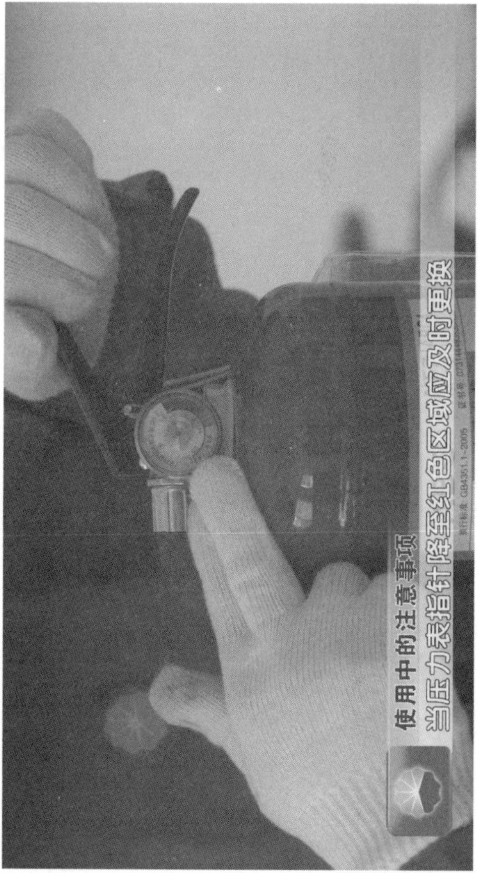
使用中的注意事项
当压力表指针降至红色区域应及时更换

（4）灭火器要放置在通风、阴凉、干燥的地方，防止筒体受潮，灭火剂失效。

消火栓
火警 119
灭火器箱
火警 119
使用中的注意事项
（4）灭火器要放置在通风、阴凉、干燥的地方

消火栓
火警 119
使用中的注意事项
防止筒体受潮，灭火剂失效

（5）使用没有喷射软管的二氧化碳灭火器灭火时，应将喇叭筒上扳 70°~90°。灭火时，要戴好防护手套。严禁手抓喇叭筒口处或金属连接管处，防止冻伤。

使用中的注意事项
（5）使用没有喷射软管的二氧化碳灭火器灭火时

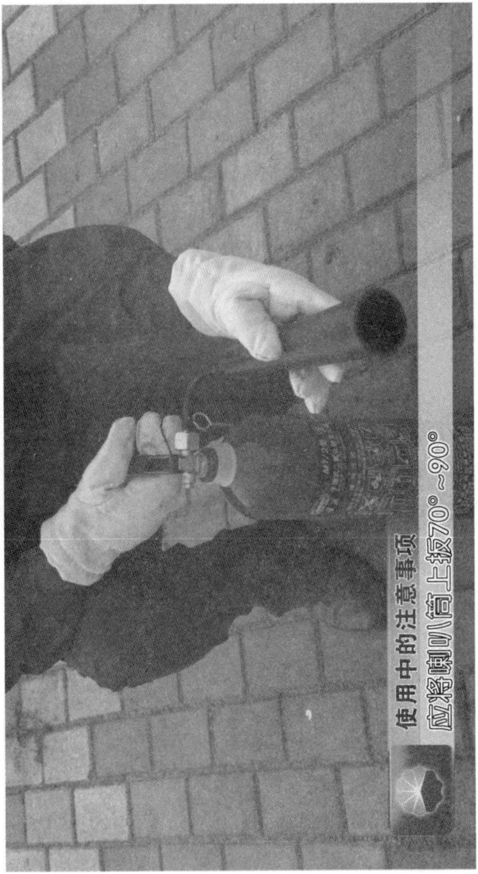
使用中的注意事项
应将喇叭筒上扳70°～90°

使用中的注意事项
灭火时，要戴好防护手套

使用中的注意事项
严禁手抓喇叭筒口处或金属连接管处，防止冻伤
注意安全 禁止入内

试 题

一、选择题（不限单选）

1. 灭火器是常见的消防器材，适用于扑灭（　　）火灾。

A. 初期　　B. 发展期

C. 猛烈期　　D. 末期

2. 灭火器应（　　）定期检查。

A. 每月　　B. 三个月

C. 半年　　D. 一年

3. 灭火器压力表指针正常时应指在（　　）内。

A. 红色区域　　B. 绿色区域

C. 黄色区域　　D. 蓝色区域

4. 灭火时，手提灭火器迅速到达火场（　　）的安全位置，按下压把，对准火焰根部持续喷射进行灭火。

A. 避风侧　　B. 逆风侧

C. 上风侧　　D. 下风侧

5. 泡沫灭火器适用于扑救一般固体类物质火灾和（　）等可燃液体的初期火灾。

A. 油类　　B. 气体类

C. 金属类　　D. 带电设备

6. 清水灭火器适用于易燃固体、非水溶性液体的初期火灾，不适用（　）火灾。

A. 油类　　B. 气体类

C. 金属类　　D. 带电设备

7. 化学泡沫灭火器每次更换化学泡沫灭火剂或使用（　）后，应对筒体、筒盖一起进行水压试验，合格后方可继续使用。

A. 半年　　B. 一年

C. 两年　　D. 两年半

8. 二氧化碳灭火器每（　）应用称重法检

查一次质量。

A. 半年　　B. 一年

C. 两年　　D. 两年半

9. 干粉灭火器每（　）检查干粉是否结块，储气瓶内二氧化碳气体是否泄漏。

A. 一月　　B. 一季

C. 半年　　D. 一年

二、判断题

1. 二氧化碳灭火器适用于图书、档案、贵重设备、精密仪器、600V 以下电气设备及油类的初期火灾，不适用铝、钠、钾、镁等金属及氢化物的火灾。（　）

2. 干粉灭火器适用于扑救易燃、可燃液体、气体、金属、带电设备及固体类物质的初期火灾。（　）

3. 灭火器应定期检查，定期校验，当压力表指针降至黄色区域应及时更换。（　）

4. 使用没有喷射软管的二氧化碳灭火器灭火时，要戴好防护手套，严禁手抓喇叭筒口处或金属连接管处，防止冻伤。（　　）

试题参考答案

一、选择题

题号	1	2	3	4	5	6	7	8	9
答案	A	A	B	C	A	D	C	A	C

二、判断题

题号	1	2	3	4
答案	√	×	×	√

《安全防护用具使用》

分册序号	分册书名
1	采油工常用劳动安全防护用品的使用
2	常用灭火器的使用
3	正压式空气呼吸器的使用

采油工安全生产标准化操作丛书

中国石油人事部
中国石油勘探与生产分公司　编

安全防护用具使用　3

正压式空气呼吸器的使用

石油工業出版社

图书在版编目（CIP）数据

安全防护用具使用 / 中国石油人事部，中国石油勘探与生产分公司编 .—北京 : 石油工业出版社，2019.5
（采油工安全生产标准化操作丛书）
ISBN 978-7-5183-3246-5

Ⅰ. ①安… Ⅱ. ①中… ②中… Ⅲ. ①石油开采 - 安全设备 - 使用方法 ②石油开采 - 防护设备 - 使用方法 Ⅳ. ① TE35-65

中国版本图书馆 CIP 数据核字（2019）第 049953 号

出版发行：石油工业出版社
（北京安定门外安华里 2 区 1 号楼 100011）
网 址：www.petropub.com
编辑部：（010）64523537
图书营销中心：（010）64523633
经 销：全国新华书店
印 刷：北京中石油彩色印刷有限责任公司

2019 年 5 月第 1 版 2019 年 5 月第 1 次印刷
880 × 1230 毫米 开本：1/64 印张：3.25
字数：60 千字

定价：45.00 元（全 3 册）
（如出现印装质量问题，我社图书营销中心负责调换）

《采油工安全生产标准化操作丛书》编委会

《安全防护用具使用3 正压式空气呼吸器的使用》

编 委 会

主　编：吴　奇

副主编：王克新　张春超　段宝昌

委　员：吴文君　董敬宁　刘　昱

张云辉　白丽君　邹宏刚

李雪莲　王大一　生凤英

王殿辉　吕庆东　王冬艳

郑　瑜　张　衡　程　亮

开发单位

中国石油天然气股份有限公司勘探与生产分公司

大庆油田有限责任公司人事部（党委组织部）

大庆油田有限责任公司开发部

大庆油田有限责任公司质量安全环保部

大庆油田有限责任公司第二采油厂

大庆油田有限责任公司第四采油厂

大庆油田有限责任公司第六采油厂

大庆油田有限责任公司文化集团

大庆油田有限责任公司人才开发院

大庆油田有限责任公司大庆医学高等专科学校

合作单位

长庆油田分公司

辽河油田分公司

新疆油田分公司

大港油田分公司

华北油田分公司

石油工业出版社

FOREWORD 序

“求木之长者，必固其根本；欲流之远者，必浚其泉源。”2017年，党中央、国务院印发了《新时期产业工人队伍建设改革方案》，明确指出，产业工人是工人阶级中发挥支撑作用的主体力量，是创造社会财富的中坚力量，是创新驱动发展的骨干力量，是实施制造强国战略的有生力量。同时提出，要造就一支有理想守信念、懂技术会创新、敢担当讲奉献的宏大的产业工人队伍。这充分体现了党和国家对产业工人队伍建设的关心支持。

中国石油牢固树立以人为本、质量至上、安全第一、环保优先的理念，坚持施行标准化操作作为保证安全生产、深化精细管理、实现

企业内涵发展的重要支撑。中国石油将提升员工技能水平作为抓好产业工人队伍建设的主攻方向，把标准化操作固化成基层单位和干部职工尤其是新员工的行为准则和工作标准，牢固树立“上标准岗、干标准活”的工作意识和理念，形成人人讲安全、人人会安全、人人都安全的良好局面。

守正笃实，久久为功。提升员工技能操作水平是一项长期而艰巨的任务，完善标准是基础，加强领导是保障，优化执行是根本。这需要大家积极推广标准化操作工作，不断加强和改进操作流程与标准，不断规范与完善标准化操作，引导广大员工全面提升对标准化操作的认知度，全面提升标准化操作执行力，规范本质化安全行为，推进各项工作上水平。

中国石油人事部和中国石油勘探与生产分公司共同组织编写的《采油工安全生产标准化

操作丛书》及配套的视频课件，包含中国石油各油气田单位通用性的140个基本操作，具有开发标准高、内容全面、注重安全风险、应用范围广、培训效果突出等方面优点。相对应的视频课件利用三维动画技术，通过分解、剖切等方式展示常规不可见的设备内部结构，让员工学习起来更加直观，是一套“看得懂、学得会、易掌握”的实用教材，真正做到了将“技术有形化”，填补了中国石油安全生产操作培训课件方面的空白，为进一步提升操作员工整体素质提供有力支撑。

目前，跨国公司员工培训已经进入了“互联网+培训”的员工混合式培训阶段，以多终端应用设备为载体，展现多种资源，结合线下培训和社区化学习模式，以网络化应用进行培训评估，实现可规划路径的人才发展优化培训。这套丛书从生产实际出发，以满足需求为导向，

以促进员工养成标准化操作习惯为目标，实践性和针对性都很强。同时，大批专家的参与写作使教材的权威性有了保证。丛书配套的视频课件可以满足石油员工远程移动学习，也可以满足员工单机高清自学和集中学习。这样就形成了三位一体的员工培训模式，逐步迈入员工混合式培训阶段。希望这套丛书的出版发行，能为促进中国石油员工培训工作的深入开展，为促进员工操作技能水平的不断提升，为推动油气主业高质量发展，为实现中国石油建成世界一流综合性国际能源公司作出积极贡献。

中国石油天然气集团有限公司
总经理助理、人事部总经理 刘志华

PREFACE 前言

采油工是油田企业主体关键工种之一，在中国石油操作类员工中占比较大，采油工技能水平的高低，对油田的安全平稳生产起到至关重要的作用。为进一步提高采油工的基本素质和业务技能水平，中国石油人事部和中国石油勘探与生产分公司于2016年联合启动了采油工安全生产标准化操作视频培训课件开发项目，成立了课件编委会，委托大庆油田公司负责课件具体编制工作，并确定长庆、辽河、新疆、大港、华北5家油田公司和石油工业出版社，共同配合大庆油田做好视频培训课件编制工作。

课件开发过程中，大庆油田高度重视，按照“实际、实用、实效”的原则，专门成立了

课件开发工作领导组，组织公司人事部、开发部、安全环保部、第二采油厂、第四采油厂等9个部门和二级单位共同参与，共计抽调了100余名专家参与项目的研发设计。勘探与生产分公司加强过程监督和质量把控,针对开发方案、课件脚本、制作标准、课件样片等内容，按照不同工作节点先后组织三次大的集中审核会议，邀请中国石油各油田行业专家建言献策，为提高课件的通用性和实用性奠定坚实基础。大庆油田按照总体工作要求，历时两年，完成了视频培训课件的编制任务，并同步完成《采油工安全生产标准化操作丛书》的编写工作。本套丛书紧贴油田生产实际，以采油工岗位职责为依据，包含《安全防护用具使用》《工具、用具、量具使用》《采油工艺简介》《抽油机井标准化操作》《电动潜油泵井标准化操作》《电动螺杆泵井标准化操作》《注水井标准化操作》

《计量间标准化操作》《抽油机井生产故障分析与处理》《电动潜油泵井生产故障分析与处理》《电动螺杆泵井生产故障分析与处理》《注水井生产故障分析与处理》《计量间生产故障分析与处理》《现场应急救护》，共14种140个分册。本套丛书具有突出的实用性和规范性特点,可广泛用于新员工岗前培训、日常岗位练兵、鉴定考前培训、师徒帮带、技能竞赛等学习培训活动。

希望本套丛书能够为各石油企业提供借鉴，为今后采油工岗位培训的扎实有效开展提供有力保障。由于各油田在采油工艺、设备等方面存在差异性，书中难免有不足之处，敬请读者批评指正。

编者

2018年8月

Contents 目录

项目说明

正压式空气呼吸器是一种在浓烟、毒气、蒸汽或缺氧等环境中，对呼吸器官进行保护的高性能个人防护装备。广泛应用于消防、化工、船舶、石油、冶金、矿山、交通等行业的灭火、抢险救灾和救护工作。

参考标准

GB/T 16556—2007《自给开路式压缩空气呼吸器》

GA 124—2013《正压式消防空气呼吸器》

结构组成

正压式空气呼吸器由面罩、呼吸阀、压力表、气瓶、背板、气瓶阀、压力报警器等组成。

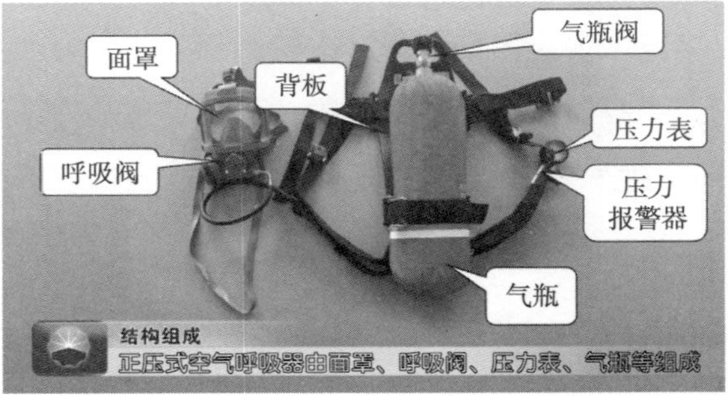

使用方法

（1）正压式空气呼吸器应定期检查，达到完好状态以保证随时使用。检查时应检查背板完好无裂痕，腰带、背带及配件齐全完好，背板与气瓶连接紧密固定牢靠，呼吸器面罩无裂纹、无划痕，锁紧扣与面罩连接牢固，配件齐全，面罩密封性良好。呼吸阀开关灵活好用，关闭呼吸阀，打开气瓶总开关，观察压力表，压力达到工作标准 28~30MPa 符合使用规定，关闭气阀总开关，观察压力不降，说明气瓶与面罩连接密封性良好。打开呼吸阀，放净余气，检查报警器工作正常。使用时，关闭呼吸阀，打开气瓶总开关，将呼吸器主体背起，调节好肩带、系紧腰带。先挂好面罩颈带，松开安全帽下颌带将安全帽置于脑后，戴好面罩，调整好面罩松紧。深呼吸 2~3 次，确保激活呼吸阀开关，测试面罩密封性，观察压力表工作压力正常，戴好安全帽。

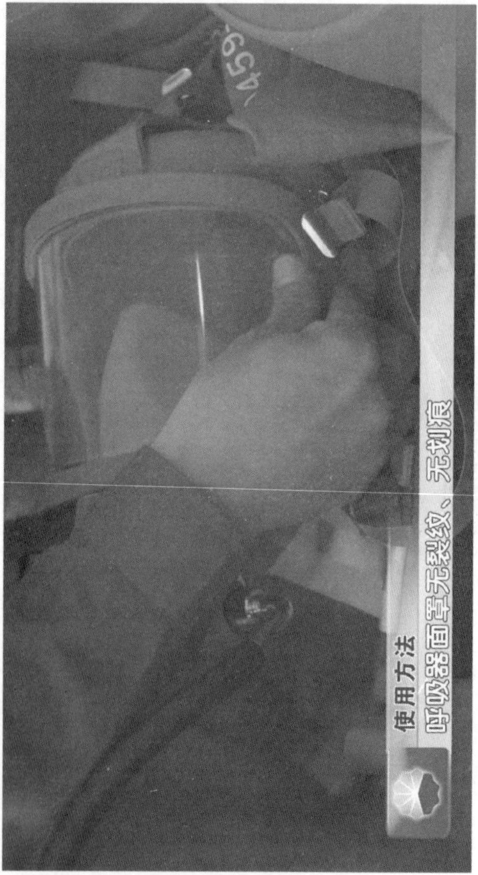
使用方法
呼吸器面罩无裂纹、无划痕

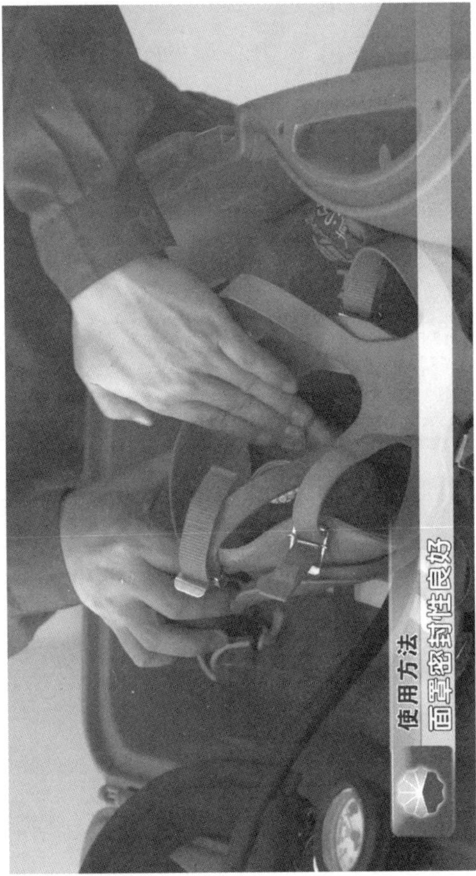
使用方法
面罩密封性良好

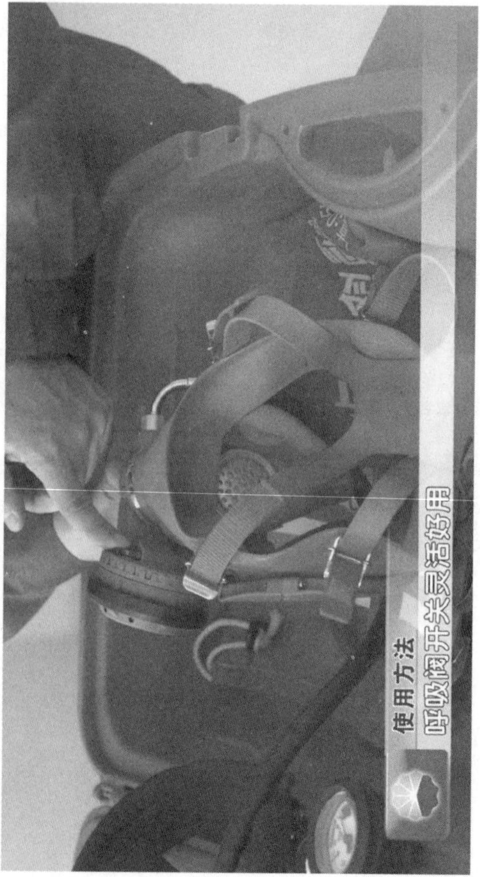
使用方法
呼吸阀开关灵活好用

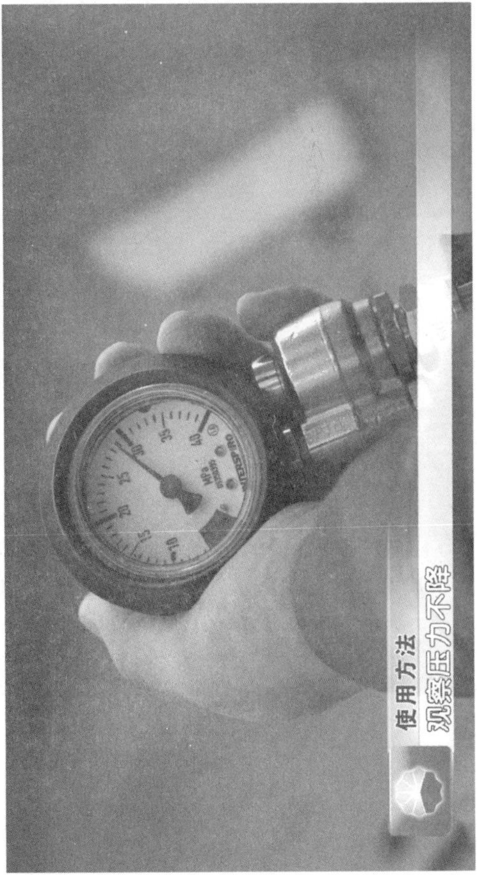
使用方法
观察压力不降

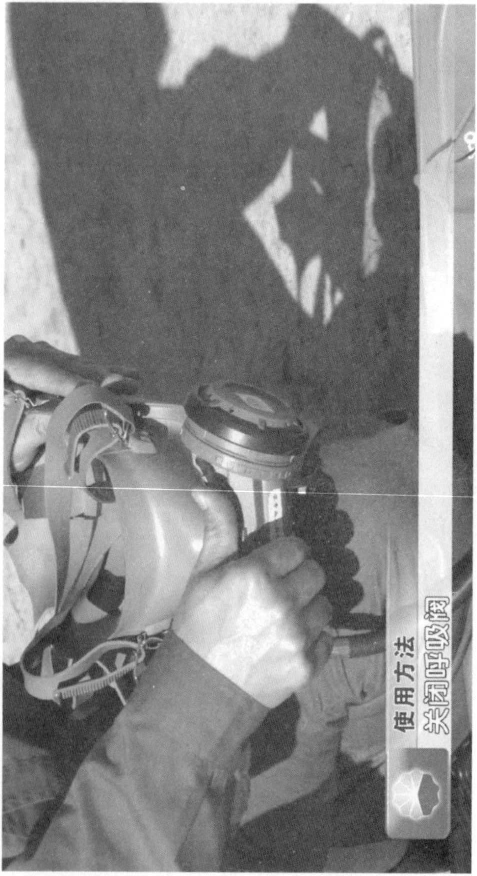
使用方法
关闭呼吸阀

使用方法
打开气瓶总开关

使用方法
将呼吸器主体背起

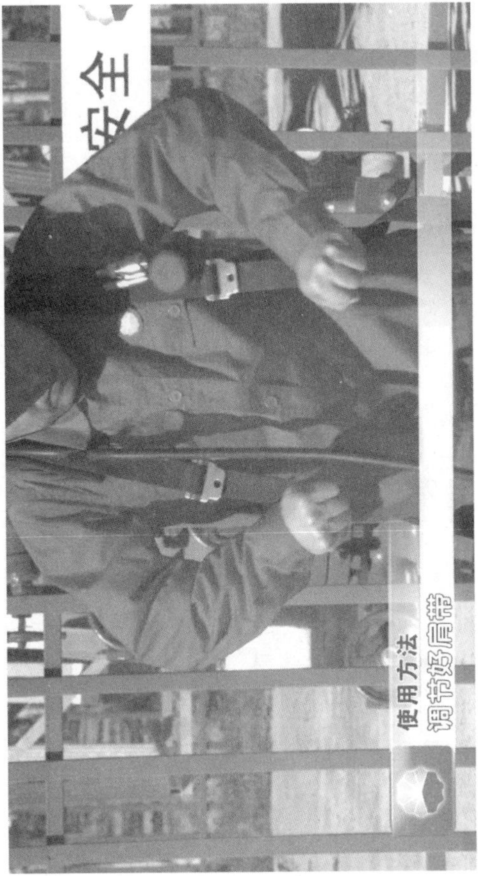
安全
使用方法
调节好肩带

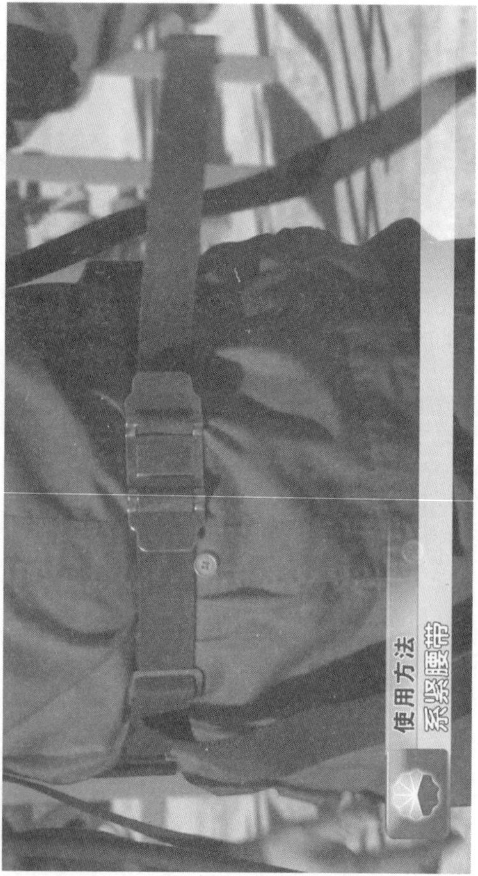
使用方法
系紧腰带

注意安全 禁止入内
使用方法
先挂好面罩颈带

使用方法
调整好面罩松紧

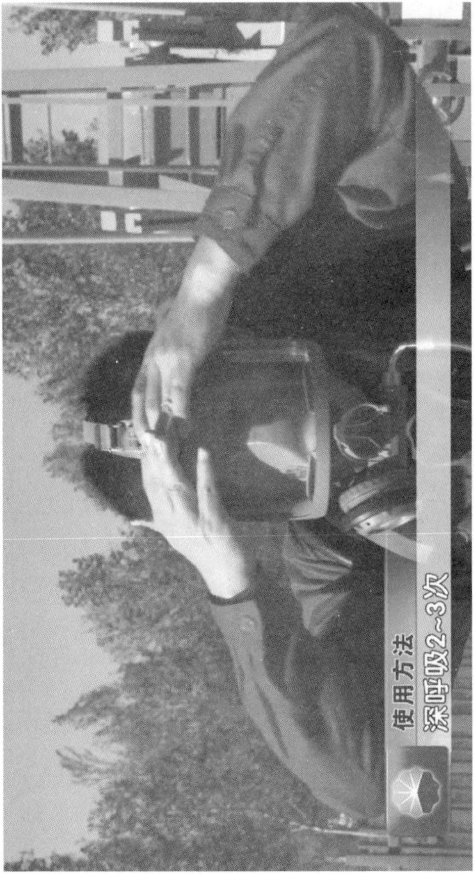
使用方法
深呼吸2~3次

使用方法
测试面罩密封性

使用方法
观察压力表工作压力正常

（2）使用完毕后先摘下面罩颈带，松开安全帽锁紧扣，置于脑后，再松开呼吸器面罩锁紧扣，摘下呼吸器面罩，取下安全帽。解开腰带，松开肩带，取下呼吸器主体，关闭气瓶阀门，打开呼吸阀开关，排净余气，整理回收。

禁止入内
使用方法
使用完毕后先摘下面罩颈带

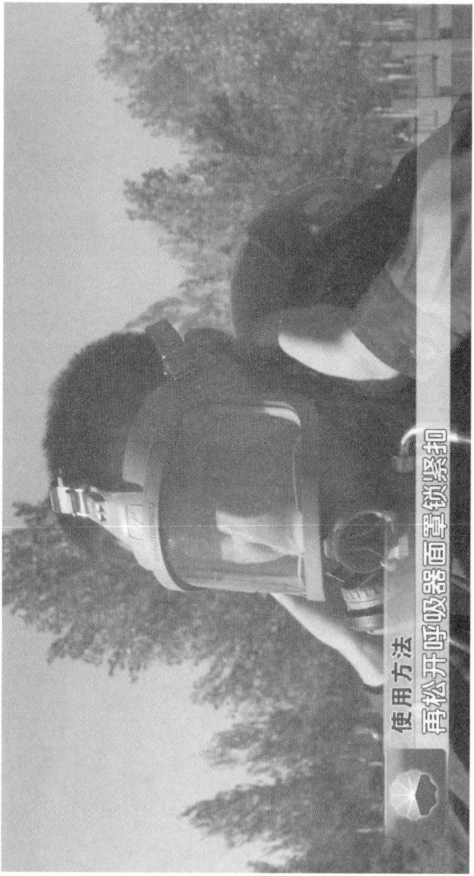
使用方法
再松开呼吸器面罩锁紧扣

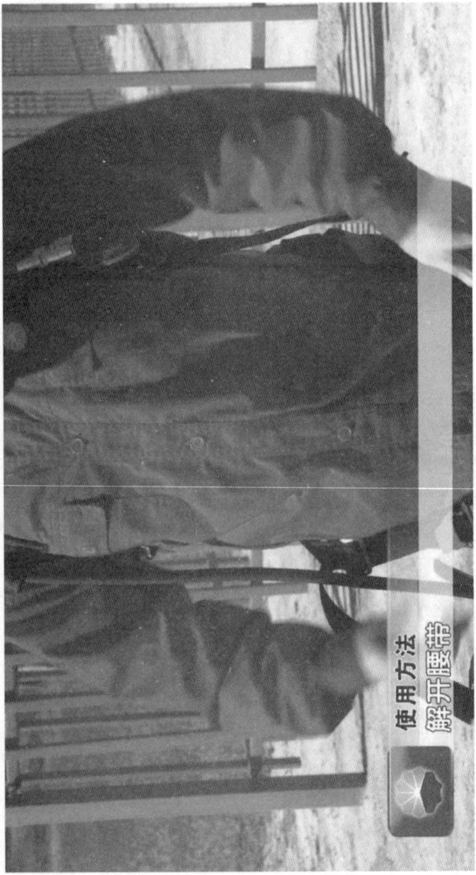
使用方法
解开腰带

禁止入内
使用方法
取下呼吸器主体

注意安全 禁止入内
使用方法
关闭气瓶阀门

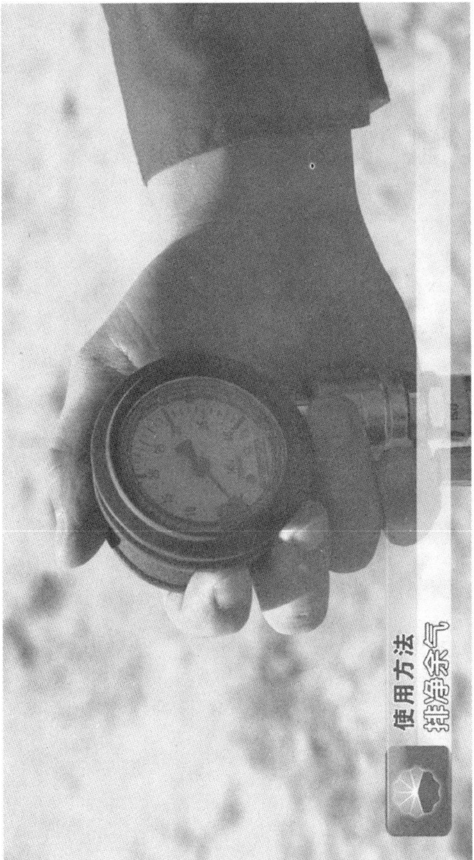
使用方法
排净余气

注意安全 禁止入内
使用方法
整理回收

使用中的注意事项

（1）在使用过程中禁止取下面罩，严禁关闭气瓶开关。

使用中的注意事项
（1）在使用过程中禁止取下面罩

（2）报警装置发出警报时应尽快离开危险区域。

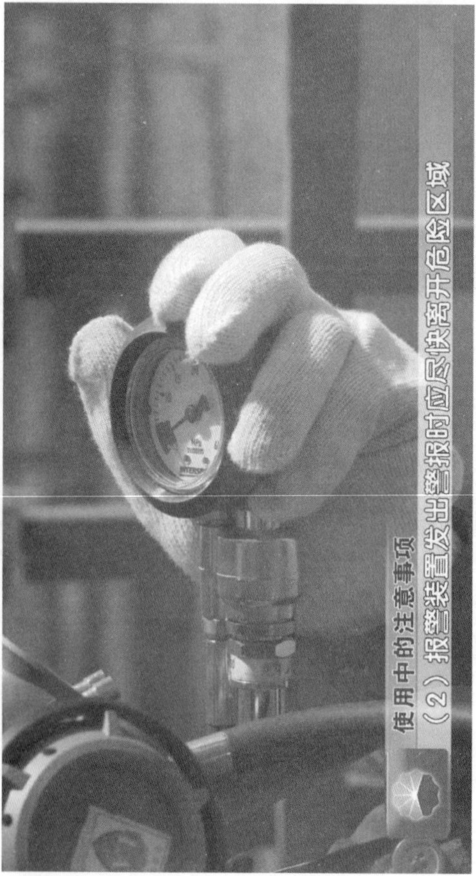
使用中的注意事项
（2）报警装置发出警报时应尽快离开危险区域

使用中的注意事项
（2）报警装置发出警报时应尽快离开危险区域

（3）使用过程中气瓶开关应缓慢打开，防止快速打开致使压力表受损。

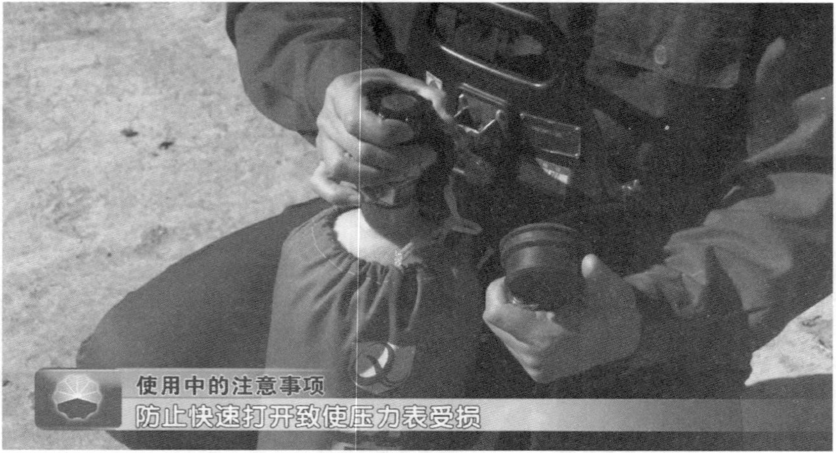
使用中的注意事项
防止快速打开致使压力表受损

试　题

一、选择题（不限单选）

1. 正压式空气呼吸器由面罩、呼吸阀、（　）、气瓶、气瓶阀、压力表、压力报警器等组成。

A. 提把　　B. 背板

C. 压把　　D. 安全销

2. 正压式空气呼吸器是一种在浓烟、毒气等环境中对呼吸器官进行保护的（　）个人防护装备。

A. 低性能　　B. 中性能

C. 一般性能　　D. 高性能

3. 正压式空气呼吸器压力达到工作标准（　）符合使用规定。

A. 20~22MPa　　B. 24~26MPa

C. 28~30MPa　　D. 30~32MPa

4. 正压式空气呼吸器使用时，面罩调整松紧合适，深呼吸（　）次，确保激活呼吸阀开关，测试面罩密封性，观察压力表工作压力正常，戴好安全帽。

A. 2~3　　B. 4~5

C. 5~6　　D. 6~7

5. 正压式空气呼吸器使用时，报警装置发出警报时应（　）。

A. 卸下面罩

B. 开大气瓶阀

C. 现场维修

D. 尽快离开危险区域

6. 正压式空气呼吸器是一种在（　）等环境中的个人防护装备。

A. 浓烟　　B. 毒气

C. 缺氧　　D. 蒸汽

7. 正压式空气呼吸器广泛应用于消防、化工、船舶、石油、冶金、矿山、交通等行业的（ ）和救护等工作。

A. 防火　　B. 防爆

C. 灭火　　D. 抢险救灾

二、判断题

1. 正压式空气呼吸器关闭气阀总开关，观察压力下降，说明气瓶与面罩连接密封性良好。（ ）

2. 正压式空气呼吸器在使用过程中禁止取下面罩，严禁关闭气瓶开关。（ ）

3. 正压式空气呼吸器使用过程中出现故障时，应先关闭气瓶开关，排净余气后摘下面罩颈带，取下安全帽。（ ）

4. 正压式空气呼吸器使用完毕后，应先关闭气瓶阀门，打开呼吸阀开关，排净余气后摘下面罩取下呼吸器主体，整理回收。（ ）

5. 正压式空气呼吸器面罩有划痕但无裂纹，可以使用。（ ）

试题参考答案

一、选择题

题号	1	2	3	4	5	6	7
答案	B	D	C	A	D	ABCD	CD

二、判断题

题号	1	2	3	4	5
答案	×	√	×	×	×

《安全防护用具使用》

分册序号	分册书名
1	采油工常用劳动安全防护用品的使用
2	常用灭火器的使用
3	正压式空气呼吸器的使用